LES

TRAVAUX PUBLICS

CHEZ LES ANCIENS ET CHEZ LES MODERNES

Leur transformation par suite de la création des Chemins de fer

LE VIADUC DU VAL SAINT-LÉGER

près de Saint-Germain-en-Laye

LES CHEMINS DE FER

ORIGINE — HISTORIQUE — RÉGIME FRANÇAIS — RÉGIME ÉTRANGER — RÉSULTATS COMPARATIFS — PARALLÈLE ENTRE LES TRAVAUX ANCIENS ET CEUX DE NOTRE TEMPS — LES ŒUVRES MODERNES

par

Édouard MARC

Secrétaire-adjoint de la Direction des Chemins de fer de Ceinture de Paris,
Professeur à l'Association Polytechnique,
Officier d'Académie.

PARIS

IMPRIMERIE ET LIBRAIRIE CENTRALES DES CHEMINS DE FER

IMPRIMERIE CHAIX

SOCIÉTÉ ANONYME AU CAPITAL DE SIX MILLIONS

Rue Bergère, 20

1884

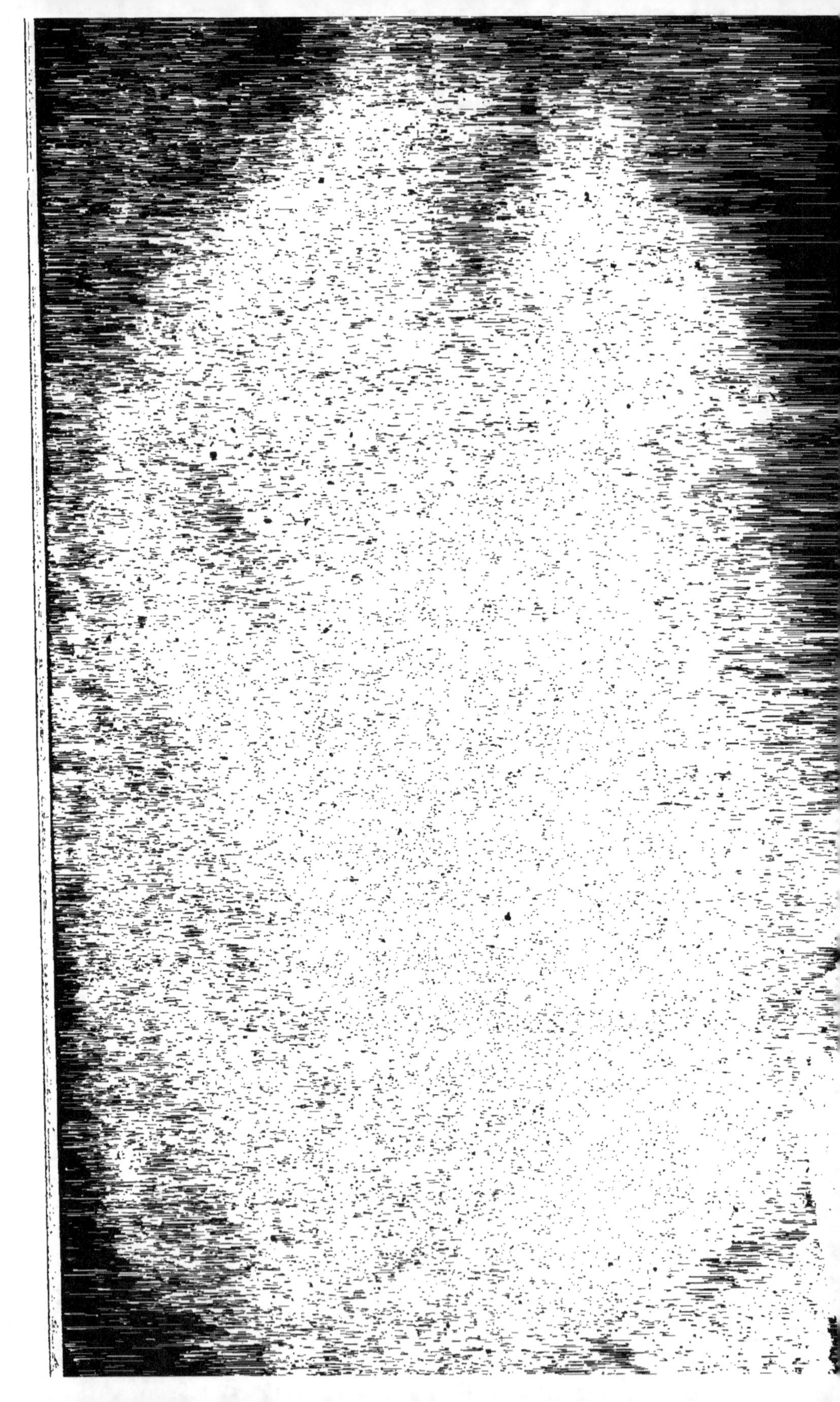

LES

TRAVAUX PUBLICS

CHEZ LES ANCIENS ET CHEZ LES MODERNES

Leur transformation par suite de la création des Chemins de fer.

VUE DU VIADUC DU VAL SAINT-LÉGER.
(Gravure extraite de *l'Illustration*.)

LES
TRAVAUX PUBLICS

CHEZ LES ANCIENS ET CHEZ LES MODERNES

Leur transformation par suite de la création des Chemins de fer

~~~~~~~~~~~~~~~~

LE VIADUC DU VAL SAINT-LÉGER

près de Saint-Germain-en-Laye

LES CHEMINS DE FER

ORIGINE — HISTORIQUE — RÉGIME FRANÇAIS — RÉGIME ÉTRANGER
RÉSULTATS COMPARATIFS — PARALLÈLE ENTRE LES TRAVAUX ANCIENS ET CEUX DE NOTRE TEMPS
LES ŒUVRES MODERNES

par

Édouard MARC

Secrétaire-adjoint de la Direction des Chemins de fer de Ceinture de Paris
Professeur à l'Association Polytechnique.
Officier d'Académie.

PARIS

IMPRIMERIE ET LIBRAIRIE CENTRALES DES CHEMINS DE FER

IMPRIMERIE CHAIX

SOCIÉTÉ ANONYME AU CAPITAL DE SIX MILLIONS

Rue Bergère, 20

1884
~~~~~~~~~~~~~~~~

PRÉFACE

Nous avons entendu souvent agiter une question sur laquelle les avis sont encore partagés : c'est celle de la supériorité des anciens sur les modernes. Or, nous avons été surpris de rencontrer des personnes tellement éprises en toutes choses de l'antiquité que, si elles ne se montraient pas complètement aveugles pour ce qui est moderne, elles réservaient avant tout leur admiration pour le passé.

D'aucunes discouraient même sur la préexcellence de la naïveté des premiers âges ; d'autres soutenaient que l'ignorance absolue est préférable aux progrès de la civilisation ; comme si la somme des bienfaits, des dévouements produits par cette dernière n'était pas supérieure à la somme de ses inconvénients et même de ses excès.

Certains d'entre nous ne craignent donc pas de se faire les contempteurs de notre époque, et la vieille querelle des anciens et des modernes est loin d'être apaisée.

Elle ne peut l'être d'ailleurs ! Les conditions de

notre existence ont changé. Les mœurs économiques, sociales et politiques se sont modifiées. Les points de vue, en un mot, sont différents. Aussi la question de la supériorité des anciens sur les modernes ou de ceux-ci sur ceux-là sera toujours nouvelle. Artistique au xve siècle, avec Cénalis qui compare au merveilleux temple de Diane à Éphèse, incendié par la folie d'Érostrate, l'admirable Notre-Dame de Paris, en concluant en faveur de ce chef-d'œuvre gothique; plus tard, historique avec le bon Rollin et particulièrement littéraire avec Boileau, Fénelon, etc., au xviie siècle, elle a pris un tour passionné avec Fontenelle qui défendit contre Racine la cause des modernes. Théocrite, Eschyle, Euripide, Aristophane furent tour à tour l'objet de ses railleries. Aussi, Grimm s'élevait-il, avec quelque raison, contre le mépris absolu que professait Fontenelle pour l'antiquité. Ce dernier, pourtant, n'émettait pas toujours des critiques injustes et il était fondé à exercer sa verve contre l'influence exagérée de l'antiquité sur nous, quand, voulant réagir contre l'admiration de ses contemporains pour les siècles disparus, il disait, par exemple, qu'il aimerait autant qu'on vantât les anciens de ce qu'ils ont bu, les premiers, l'eau de nos rivières et que l'on nous insultât sur ce que nous ne buvons que leurs restes (1). Au xviiie siècle, cette querelle a été

____

(1) Fontenelle. *Mélanges.*

transportée par Rousseau sur le terrain social.

Dans son œuvre si grande, ce philosophe sceptique a non seulement vanté dans certains discours l'état de nature; mais, entraîné par ses propres paradoxes, il a été jusqu'à prétendre, à plusieurs reprises, que le développement des arts et des sciences était un mal pour l'humanité. Nous devons à ses variations sur cette fantaisie littéraire et sociale des pages empreintes d'une rare éloquence, mais qui sont loin de nous convaincre de la vérité d'une telle assertion.

Condorcet, à son tour, a traité cette question sous un rapport plutôt métaphysique. Après la prodigieuse variété de ses travaux, aux plus sombres jours de la Terreur, livré, en face de la mort, à ses seuls souvenirs et à ses seules méditations, son talent flexible s'est exercé sur cette comparaison entre les différentes époques qui marquent les étapes franchies par les progrès de l'esprit humain; et, mettant en parallèle les temps anciens avec les temps modernes, il a tracé cette merveilleuse esquisse qui, résumant toutes les modifications que la longue suite des siècles a apportées au progrès social, conclut à l'éternelle perfectibilité de nos facultés humaines.

Enfin, il y a près de cinquante ans, les luttes pour la liberté de l'enseignement supérieur donnèrent un regain d'actualité à cette querelle que Jacolliot reprit à son tour dernièrement. Il a, en effet, renvoyé les anciens et les modernes dos à dos, en les accusant de n'être que des plagiaires et en cherchant à prouver que les uns et les autres doivent tout à l'Inde ; qu'Anacréon, Euclide, Sophocle, Euripide sont tantôt des imitateurs, tantôt des copistes, et qu'Esope, Phèdre, La Fontaine et Florian ont reproduit les fables de Casyappa et de Pilpay, sans y rien changer comme action ni comme moralité (1).

Mais depuis, la question des classiques ne préoccupait plus guère le public ; elle était confinée dans l'école. Là, toute désignée pour servir aux amplifications de rhétorique, elle restait à l'état de tradition.

Nous n'aurions donc pas tenté de la troubler dans sa douce quiétude ; nous l'aurions respectée, elle et tout le vieil arsenal des arguments que l'on rangeait autrefois en bataille sous ses ordres ! Mais voici que, pour corroborer la thèse favorite des esprits pénétrés de l'amour exclusif de l'antiquité auxquels nous faisions allusion en commençant, il se produit un fait caractéristique.

La faveur publique revient aux siècles anciens, aux classiques. Des publications remarquables sur l'art antique, revêtues de ce luxe et de cette forme élégante qui sont dus au talent qui les

____

(1) Jacolliot. *Les Fils de Dieu*, 1873, 1re partie : L'Inde patriarcale et védique.

inspire, éveillent et entretiennent ce culte du passé. Les études anciennes obtiennent les suffrages populaires. Et cela se conçoit. L'étude de l'antiquité est devenue plus accessible au public par suite de la diffusion des lumières sur tout ce qui concerne les civilisations disparues. Les recherches laborieuses de tant d'hommes de mérite, de tant de savants qui se sont voués à ce travail de vulgarisation, ajoutent chaque jour des connaissances nouvelles à celles que nous possédions déjà sur les moindres détails de la vie publique et privée, sur la littérature, sur l'art en général des anciens. A l'appui des textes, des documents laissés par les historiens, les explorations intelligentes, les fouilles habiles, les descriptions précises des monuments, les copies et les reproductions, à un grand nombre d'exemplaires, des trésors de l'art antique, la multiplicité des grandes collections mises à la disposition du public, tout facilite les études archéologiques ou artistiques. Et ces exemples vivants, ces fragments de marbre ou de métal, ces merveilles de sculpture décorative arrachées aux décombres et reconstituées fidèlement permettent à présent d'admirer la perfection classique dans toute sa splendeur, en fixant l'époque précise à laquelle appartient chacun de ces débris glorieux du passé.

L'art peut donc être étudié sous toutes ses faces, et nous sommes à même de constater que sa sublime expression est incarnée dans l'effort génial de la Grèce. De cet ensemble d'œuvres diverses de nature, de formes, de matériaux, se dégage un sentiment de grandeur qui nous touche, qui fait vibrer en nous toutes les fibres de l'idéal et qui nous dit que c'est bien là la marque du génie. Tout nous convie donc à l'admiration sincère de ces œuvres éclairées du rayon divin de la beauté éternelle.

Mais ce retour indéniable de notre temps vers le passé ne peut que nous amener à regretter à la fois et notre insuffisance artistique et l'impossibilité où nous nous trouvons de rivaliser avec l'antiquité sous certains rapports.

Devons-nous cependant crier à la décadence et nous concentrer exclusivement dans la contemplation des choses anciennes ? Non certes ! Nous pouvons constater un fait de notre vie sociale ; nous pouvons émettre des opinions diverses sur notre valeur artistique, dignement représentée, d'ailleurs, par une glorieuse pléiade de littérateurs, de peintres et de sculpteurs ; nous pouvons convenir que nous subissons une transformation produite par notre développement intellectuel et scientifique ; mais nous avons le devoir de ne pas nous diminuer nous-mêmes. Aux œuvres du passé, nous devons opposer les œuvres modernes ; aux résultats admirables obtenus par les efforts des générations disparues, nous devons ajouter, comme contraste, les résultantes de nos forces modernes. Or, même dans cette querelle artistique, le côté industriel qui a pris une place prépondérante de nos jours donne à la discussion pendante un aspect tout différent. C'est pourquoi, ne voulant examiner qu'un point dans cette étude trop vaste, nous nous sommes attaché à traiter la question des grandes constructions de l'industrie moderne caractérisée par la découverte des chemins de fer.

Nous avons cherché à montrer comment, aux époques les plus reculées, comme de nos jours, l'art de la construction s'est développé simultanément avec l'art littéraire qui est la forme générale, l'expression dominante de la civilisation. Puis, nous avons mis en parallèle avec les ouvrages anciens, non des œuvres identiques, ce que les conditions sociales, les mœurs, les raisons industrielles rendent impossible, mais les exemples féconds de nos grands travaux publics. Après avoir rendu à l'antiquité un juste hommage, car nous sommes loin de nous en faire le détracteur, nous avons pris comme texte l'étude d'un de nos ouvrages métalliques de création récente et dont nous avons pu suivre l'édification dans tous ses détails. La monographie de cette œuvre industrielle nous a naturellement amené à constater la révolution survenue dans l'art de la construction, par suite de la création des voies ferrées, et ces dernières nous ayant paru mériter un examen rétrospectif, nous avons pris à tâche de rendre pleine justice au siècle des chemins de fer. L'offense que les esprits chagrins ou prévenus, auxquels nous faisions allusion, commettaient envers notre époque nous avait frappé ; nous nous sommes efforcé de la réparer. Nous serons largement récompensé si cette querelle d'école, sur laquelle notre siècle exerce ses bras robustes, ses marteaux d'acier et ses leviers puissants, peut offrir quelque intérêt à ceux qui liront ces pages rapides. Notre unique ambition est de les voir se souvenir qu'ils sont fils du progrès et de faire naître ou de développer en eux le sentiment de fierté que nous inspire l'œuvre du XIXe siècle.

Nos plus chers désirs seront donc remplis s'ils admirent sans réserve le brillant cortège de merveilles et de découvertes qui rehausse l'éclat des temps modernes et s'ils en arrivent à conclure eux-mêmes que nous n'avons pas laissé s'amoindrir l'héritage des âges précédents ; mais que nous l'avons, au contraire, fait largement fructifier.

PREMIÈRE PARTIE

Des Travaux en général. — Relation entre l'art de la Construction et l'art littéraire dans les temps anciens et de nos jours. — Terme de comparaison modifié. — L'art de l'Architecte et l'art de l'Ingénieur.— Les travaux modernes.

Dans l'ensemble des arts dont l'épanouissement ou le déclin marque l'époque de gloire ou de décadence des peuples, l'art de la construction a été de tout temps l'une des formes principales sous lesquelles les grandes nations ont laissé, à travers les siècles, la trace durable de leur civilisation,

Aux époques mémorables de l'histoire, nous voyons toujours l'art du constructeur réaliser ses belles conceptions en même temps que les manifestations de la pensée se font aussi nombreuses que brillantes.

Moins précise à l'origine des temps, à cause des ténèbres qui environnent encore les civilisations anciennes, cette relation entre l'architecture et les productions de la pensée s'établit surtout à partir de la période grecque. Mais, dès l'antiquité la plus reculée, elle se laisse pressentir.

En effet, la marche progressive des idées chez les

peuples primitifs n'a pas permis à ces derniers de donner tout d'abord à la forme littéraire ou à la forme architecturale un développement aussi accentué.

Un tel perfectionnement a été le fruit de l'expérience des siècles et l'œuvre que les nations se sont transmise les unes aux autres comme un héritage.

Au commencement des sociétés, de même que pendant la période mythique et pendant la période héroïque de la Grèce, la pensée, pour être durable, a dû se traduire de façon à produire dans la mémoire des peuples une impression profonde et ineffaçable. De là, certaines manières spéciales de représenter l'idée ; de là, ces formes majestueuses empruntées aux grands horizons de la plaine ou du ciel. La poésie se fait éducatrice. Elle exhale des accents religieux ou héroïques ; elle inspire le prophète ou le législateur.

Par la suite, elle étend ses moyens d'action ; elle prend alors peu à peu pleine possession d'elle-même et elle atteint enfin la perfection, en produisant les œuvres que nous admirons.

L'architecture suit une progression pareille. Aux timides essais d'agrandissement de l'habitation primitive, composée de troncs d'arbres, succèdent des dessins plus hardis. De nouveaux matériaux sont utilisés. Les pierres sont travaillées ; l'ornementation est introduite dans les demeures ; les palais et les temples s'élèvent et les autres arts, la peinture, la sculpture, viennent rehausser l'éclat de l'architecture qui groupe leurs belles productions.

C'est ainsi que plus la civilisation est avancée, plus les conceptions du constructeur sont vastes et plus la pensée s'exprime librement en termes inoubliables par la forme poétique, puis par la forme écrite dont le rôle important a été si bien apprécié par les Indiens qu'ils commencent presque tous leurs livres par ces mots : « Béni soit l'inventeur de l'écriture. »

La relation entre l'architecture et l'expression de la pensée est donc constante, même au début de l'humanité.

L'Égypte mystérieuse prouve par ses monuments imposants qui ont bravé les dévastations des siècles, par le temple de Râ, à Itsamboul, par les pyramides, combien son architecture était remarquable.

Ses papyrus, malgré ce qu'ils ont encore de caché pour nous, trahissent, en partie, le secret de sa civilisation, et les idées graves et belles qu'ils révélent, par delà le tombeau, témoignent combien la pensée était en honneur chez elle.

La poésie des Aryas célèbre les joies de la famille, les idées de dévouement, les grands spectacles de la nature dans les chants sublimes des quatre Védas ou dans les épopées de la période brahmanique. Or, à ces poèmes sanscrits, livres d'harmonie divine vastes comme la mer des Indes, au dire de Michelet, et dans lesquels rien ne fait dissonance, correspond une architecture d'un caractère grandiose, plein d'affinité avec l'Égypte, malgré son originalité personnelle.

Les temples d'Ellora taillés dans le roc, les pagodes de Ceylan, les colosses de Bamian attestent combien l'architecture était florissante dans ces temps reculés. Les deux termes de la civilisation indoue, la poésie et l'architecture, se complètent donc l'un par l'autre.

Le temple de Salomon, bâti par Hiram, avec son portique et ses colonnes de bronze ciselé, ses beaux bois de cèdre fournis par le roi de Tyr, ses portes dorées et toute son ornementation luxueuse ne correspond-il pas à la poésie qui a inspiré le Cantique des cantiques, et ne devait-il pas être digne des sublimes beautés de la Bible?

Quant à la Grèce, c'est au moment où sa littérature revêt les formes pures du génie que s'élèvent ses temples, ses monuments si parfaits.

Alors, elle édifie le Parthénon, cette œuvre immortelle de Phidias, de Callicrates et d'Ictinos, remarquable par la superbe ordonnance de ses colonnes légèrement incurvées, comme l'a démontré Penrose, par ses courbes substituées partout aux lignes droites dans le soubassement, les architraves, les frises et les frontons, afin d'augmenter l'effet de la grande Minerve due au plus illustre sculpteur de l'antiquité.

Rome étonne le monde par ses travaux gigantesques, ses temples, ses arènes, ses arcs de triomphe pleins tout à la fois de grandeur et de grâce, tandis que ses œuvres littéraires demeurent des modèles inimitables qui forment autant de sources auxquelles nous puisons encore.

La civilisation arabe, tellement avancée que nous retrouvons, après coup, des découvertes faites par elle, nous offre, à son tour, de nouveaux exemples.

Nous voyons en effet les Arabes du Guadalquivir se faire les initiateurs de l'Europe en astronomie, en mécanique, en médecine ; Alhazen dicte le premier les lois de la réfraction atmosphérique et de la raréfaction de l'air en raison des altitudes; le célèbre Guéver invente l'algèbre, après Diophante d'Alexandrie qui en avait fixé les premiers éléments, et construit, sous le Calife Abu-Iusuf-Iacube, la magnifique Giralda, qui se dresse à l'un des angles du patio des orangers de Séville; concurremment, tandis que les physiologistes de Cordoue se montrent tellement experts dans les sciences naturelles que leurs écrits nous plongent dans l'admiration, cette belle civilisation laisse, comme monuments écrits, son Coran, ses poésies orientales, ses œuvres scientifiques et, comme merveilles d'architecture, la mosquée de Cordoue du viiiᵉ siècle, l'Alcazar de Séville, l'Alhambra de Grenade avec sa cour des Lions célèbre par la fine élégance de ses mille détails et par la capricieuse facilité de ses arabesques.

En dehors de ces souvenirs arabes dans lesquels on retrouve des vestiges antiques, puisque les rois maures ont reçu des califes d'Afrique des colonnes arrachées aux temples anciens pour édifier leurs palais, l'Espagne peut invoquer d'autres titres de gloire plus personnels. Aux œuvres de Cervantes, de Ferdinand de Herrera, de Lope de Rueda et du grand poète Calderon, pour ne pas parler ici de la gloire dont les Colomb, les Murillo, les Vélasquez l'ont rehaussée, elle peut opposer ses nombreux chefs-d'œuvre : la cathédrale de Burgos du xiiiᵉ siècle, avec ses admirables sculptures, celle de Tolède, de Séville et tant d'autres monuments d'une belle architecture que son génie a créés.

En France, la Renaissance sert à l'éclosion des merveilles d'élégance architecturale que produisent les Philibert Delorme, les Germain Pilon, les Jean Goujon, vers l'époque où les François Villon, les Clément Marot, les Ronsard enrichissent notre langue de leurs œuvres délicates et naïves, pendant que l'École italienne fait apparaître les toiles immortelles des Pérugin, des Corrège, des Raphaël, des Michel-Ange, des Titien.

Le grand siècle de la littérature française, enfin, voit surgir de terre des chefs-d'œuvre architectoniques, en même temps que la France se couvre de grands travaux et se sillonne de routes et de canaux. N'est-ce pas à cette époque privilégiée que l'administration de Colbert, par la rencontre de tant d'intelligences d'élite, semble avoir réuni en quelques années l'œuvre de plusieurs siècles?

Tandis que Descartes, Bossuet, Corneille, Racine, Boileau, Fléchier, Molière, La Bruyère, La Fontaine, Massillon, Regnard, Mme de Sévigné, Mme Deshoulières jettent un éclat incomparable dans les lettres, les arts suivent un mouvement parallèle.

L'art militaire, qui se rattache directement à notre sujet par les constructions stratégiques, enfante les Turenne, les Condé, les Luxembourg, les Catinat, les Villars, et surtout le grand maître des fortifications, Vauban.

La musique produit Lulli. Enfin la peinture représentée par Vouet, Le Poussin, Le Brun, Lesueur, ce Raphaël français, Pierre Mignard, le coloriste auquel nous devons la coupole du Val-de-Grâce, la sculpture illustrée par Puget, Girardon, Coysevox, Coustou, ne paraissent-elles pas vouloir rivaliser avec l'architecture dont les œuvres monumentales leur permettent de déployer toutes leurs richesses décoratives?

N'est-ce pas à l'époque où Colbert fonde l'Académie des Inscriptions et Belles-Lettres, l'Académie des Sciences, l'Académie de Musique, l'École de Rome que l'architecture brille d'un éclat particulier en élevant, avec les deux Mansard, Perrault et Coustou, les arcs de triomphe de la rue Saint-Denis et de la rue Saint-Martin, le Val-de-Grâce, l'Observatoire, le château de Marly, la partie récente du château de Blois, le château de Versailles, le grand Trianon, la place Vendôme, la place des Victoires, le dôme des Invalides et la colonnade du Louvre?

En même temps, pour ne pas omettre l'appoint important qu'elles apporteront par la suite aux découvertes modernes et au progrès de la construction, les sciences laissent d'admirables manifestations avec Pascal, Huyghens, Denis Papin.

Enfin, tout un nouveau système de routes réunit la capitale aux diverses extrémités de la France, tandis que sont exécutés, d'une part, le canal de Bourgogne reliant les bassins du Rhône et de la Seine par la Saône et l'Yonne, et d'autre part, l'œuvre de Riquet et de Vauban, le grand canal du Midi, unissant le port de Cette à Toulouse et qui ne coûta pas moins de 34 millions. Un tel ensemble de constructions donne une idée de ce que cette époque a su faire comme travaux publics.

Nous devons donc reconnaître, comme nous l'avons dit, que, parmi les plus belles expressions de l'art en général, l'art de la construction et l'art littéraire marchent d'un pas égal, aussi bien au siècle de Périclès qu'au siècle d'Auguste, aussi bien au siècle de la Renaissance qu'au siècle de Louis XIV.

Cette loi que nous ont révélée la simultanéité des manifestations du genre humain et l'influence ou l'attraction que tous ces esprits supérieurs devaient exercer les uns sur les autres, nous la retrouvons également à notre époque.

Seulement, avec les besoins nouveaux, avec les grandes découvertes récentes, elle a reçu une application différente qu'il importe de signaler.

D'un côté, notre littérature sensiblement modifiée par le mouvement de 1830 produit des œuvres très belles, soit qu'elle nous reporte vers le passé ou vers le moyen âge par l'éclosion du romantisme, soit qu'elle affirme son culte pour les classiques, soit qu'elle décrive les mœurs actuelles.

Hugo, Balzac, Lamartine, Delavigne, Scribe, Littré, Taine, Sainte-Beuve, Louis Blanc, Thiers, Michelet,

Henri Martin, Villemain, Guizot, Ampère, Flaubert, Ponsard, Barbier, Paul-Louis Courier, Georges Sand, Musset, Dumas, Jules Janin, Nisard, Aug. Thierry, Duruy, Saint-Marc Girardin, et un grand nombre de nos contemporains que nous ne pouvons citer parce qu'ils sont trop nombreux, lui composent un brillant cortège que rehausse encore notre journalisme dans lequel il se dépense tant de talent et tant d'esprit. Dans ces œuvres diverses, que de pages admirables méritent d'être opposées aux plus beaux passages des ouvrages anciens!

D'un autre côté, à cet ensemble littéraire remarquable correspond un merveilleux ensemble de constructions nouvelles qui sortent du domaine de l'architecture, qui révèlent une des formes de notre épanouissement scientifique et social et qui nous permettent de suffire aux exigences du mouvement industriel dans lequel le progrès nous a projetés.

En effet, des besoins nouveaux nous incitent sans cesse à décupler, par les mille transformations de l'industrie, la production de nos richesses naturelles. La force des choses, les lois économiques nous livrent aux merveilleuses applications de la science, aux échanges féconds de peuple à peuple; et ces causes multiples, combinées avec l'action nouvelle de l'association des capitaux, font naître la phase spéciale par laquelle passe l'art de construire, en entrant dans l'ère des Chemins de fer. Cette double évolution littéraire et industrielle constitue le signe particulier de notre époque. Elle explique la manière différente par laquelle l'art de construire affirme sa rénovation. Car la vérité est que l'art de l'architecte a été dépassé par l'art du constructeur.

Nous n'élevons plus maintenant des Parthénons, des

arènes immenses, des cathédrales de ce genre gothique flamboyant qui, jusqu'à présent, semble le dernier mot du génie.

Nous n'avons rien à opposer à ces merveilles.

La comparaison entre l'architecture ancienne et l'architecture de notre temps ne peut être soutenue ; notre infériorité est flagrante. L'architecture actuelle s'est faite composite ; elle n'accuse aucun caractère propre, aucune grandeur personnelle ; mais ce qu'elle a perdu de ce côté, l'art de l'Ingénieur l'a regagné du côté de la hardiesse des conceptions et de la rapidité avec laquelle il réalise ses vastes projets. La stagnation de l'art architectural et l'importance prise si rapidement par l'art de l'Ingénieur s'expliquent facilement.

L'architecture, restant à grand'peine stationnaire, ne continue plus ses belles traditions ; elle a décliné, vivant sans secousse sur les données acquises, dans la contemplation des modèles antiques, dans l'admiration des monuments du passé, mais sans souci d'en léguer d'autres d'un type différent à la postérité.

Sans doute, avec Viollet-le-Duc, elle a fait preuve d'une science, d'une érudition consommées ; elle mérite une reconnaissance éternelle pour ses réfections savantes qui sont des reconstitutions véritables, presque des créations. Aussi, louons-nous sans réserve les magnifiques restaurations de Notre-Dame de Paris, de l'Abbaye de Saint-Denis, de la ville haute de Carcassonne, de la cathédrale d'Amiens, du château de Pierrefonds, etc. Animer ces antiques monuments d'une vie nouvelle, leur rendre leur éclat premier, et prolonger leur existence séculaire pour les léguer, à notre tour, aux générations suivantes, telle aura été la belle œuvre accomplie par Viollet-le-Duc et ses émules.

Nous en faisons en toute justice un réel titre de gloire à notre époque.

Sans doute, avec Garnier, l'architecture moderne aura cherché à revenir au genre polychrome usité chez les peuples de l'Asie, de l'Egypte et de la Grèce, qui variaient l'uniformité de la teinte des pierres, dans leurs monuments, par des pilastres, des chapiteaux, des entablements, des corniches et des bandeaux de couleur. Le temple de Jupiter Panhellénien, à Égine, le temple de Minerve, à Athènes, témoignent, avec tant d'autres, par leurs marbres de couleur alternant avec la pierre ou par leurs enduits coloriés, combien ce genre d'architecture obtenait de faveur auprès des anciens. Garnier aura donc cherché à trouver un type nouveau dans cet ordre d'idées. Cependant l'abus que les édiles de Bruxelles font actuellement de ce genre dans tous leurs nouveaux monuments, surtout dans leur Palais de justice, démontre suffisamment les inconvénients d'une telle imitation de l'antiquité.

Mais en dehors de ces brillantes individualités et des belles exceptions qu'établissent les travaux de restauration dont nous avons parlé, en dehors des quelques monuments que l'on peut nous opposer : l'Opéra de Garnier et le Château d'eau de Marseille, cette œuvre bien conçue par notre grand sculpteur Bartholdi d'abord, puis modifiée et exécutée par Espérandieu, dont elle a consacré la réputation, quelles sont les créations de l'architecture moderne ? Qu'aura-t-elle produit ? Rien ! Aucun genre nouveau n'aura illustré notre siècle ! C'est là surtout ce que nous lui reprochons.

Nos constructeurs modernes, au contraire, pour répondre à des besoins nouveaux ont dû s'affranchir des errements de la tradition et produire de toutes pièces

un système inédit où le fer et les autres métaux entrent
dans une proportion inconnue jusqu'à nos jours, et que,
du reste, les architectes à leur tour ont utilisé, comme
aux Halles centrales et dans bien des édifices, particulièrement dans les nouveaux Magasins du Printemps,
où les fers ouvrés font un très bel effet dans les façades
latérales.

Or, le courant si intense de notre vie commerciale
et industrielle exige que les applications de ce système
nouveau et des découvertes de notre époque soient
réalisées avec une sûreté de conception et une rapidité d'exécution qui plongeraient nos pères dans la
stupéfaction la plus grande, s'ils pouvaient en être
témoins.

De plus, les besoins de notre temps commandent
que ces applications s'exercent plus fréquemment à
l'occasion des grands travaux publics qu'à la construction de basiliques ou de monuments semblables.

L'architecture moderne se trouve par suite amoindrie
d'autant et réduite en quelque sorte aux édifices pri-
vés. Aussi, est-ce dans ce genre qu'elle réussit excel-
lemment, à la condition toutefois de copier, d'adapter
et non d'inventer. Qu'elle ait amélioré, perfectionné,
c'est incontestable! Notre type de maison d'habitation
est bien compris comme dispositions, comme confort;
mais en dehors de la maison de rapport, qui est hors
de cause et qui n'a rien d'artistique, en ce qui concerne les maisons particulières où elle pourrait donner
carrière à son imagination, elle n'a rien créé. Là encore,
elle vit sur le passé; elle rénove la Renaissance. Les
plus beaux hôtels édifiés, depuis quelques années, par
un coup de baguette magique, dans le nouveau quar-
tier du parc Monceaux, en sont une preuve. Elle copie
le château de Blois; elle pastiche la maison de Diane

de Poitiers ou des détails de l'hôtel Carnavalet ou du Bourgthéroulde.

Ce qu'elle a produit est joli ; mais c'est tout.

Et quand elle a parfois l'occasion de s'attaquer aux grands édifices publics, d'aborder le grand art, à part quelques heureuses exceptions, elle semble retenue par les liens mystérieux des souvenirs antiques ; elle demeure inhabile aux grandes conceptions ; elle ne voit plus l'inspiration répondre à son appel.

Les réminiscences et l'imitation servile marquent, malheureusement, de leur griffe la plupart de nos monuments modernes, de telle sorte que ces derniers réunissent tous les genres, sans arriver à la cohésion, à l'unité, à ce genre spécial, en un mot, qui caractérise une époque.

Notre siècle si fécond en grandes choses n'a encore enfanté aucune architecture digne des merveilles qu'il a semées sous ses pas. Il est à craindre qu'il ne s'achève sans avoir donné naissance à une grande création architectonique et sans léguer un style nouveau à la postérité ; de sorte que la certitude historique, qui s'appuie à juste titre sur les monuments, sera pleine d'indécision sur notre temps, si les autres témoignages de notre existence viennent à disparaître.

Aussi, dans l'avenir, que les invasions ou les cataclysmes nous fassent rentrer dans le néant où dorment les Indous, les Égyptiens, les Atlantes, les Grecs et les Romains, quand nos successeurs feront des recherches sur notre civilisation détruite ; quand ils étudieront nos ruines, pourra-t-il venir à leur pensée que des monuments tels que la Madeleine et la Bourse soient l'œuvre du xixᵉ siècle? Ils les prendront évidemment pour des temples grecs. Dans leur jugement réduit à ces seules données, abstraction faite de tout autre critérium, Paris sera une colonie grecque, parce que nous n'aurons été que de tristes copistes incapables de produire une architecture originale, parce que les traces de notre civilisation, de notre art national ne seront imprimées par aucun caractère propre sur nos édifices publics.

L'art de l'ingénieur, au contraire, a été transformé de toutes pièces. Aussi a-t-il changé de fond en comble les anciennes méthodes et a-t-il créé des moyens spéciaux en vue des fins nouvelles auxquelles il devait satisfaire.

Après l'éclosion des projets les plus hardis, sans cesse aux prises avec les plus grandes difficultés d'exécution, il renouvelle incessamment ses efforts afin de suffire aux exigences multipliées de notre époque.

De là ses résultats merveilleux. Rien, en effet, n'arrête nos ingénieurs; ni les obstacles géologiques, ni le temps, ni la matière, et leurs œuvres, contrairement à celles des architectes, peuvent du moins soutenir la comparaison avec celles des âges précédents.

Certainement, nous sommes bien éloignés de vouloir nier le sentiment de majesté, le caractère de vénération, de beauté calme et sereine qui se dégage de la contemplation des monuments que les nations disparues ont laissés comme des témoins irrécusables de leur civilisation. Nous sommes heureux, autant que les détracteurs de notre époque, de louer, sans restriction, la puissance des hommes qui, pour braver l'action du temps, ont trouvé des moyens et des effets tels que leurs œuvres même ruinées, même dévastées par la dent corrodante des siècles, laissent encore une impression aussi grande de leur glorieux passage.

La masse de ces constructions magistrales, leur résistance à l'action du temps, toutes ces qualités maîtresses qui les distinguent leur donnent un caractère de grandeur incomparable.

Toutefois, l'hommage que nous rendons à cet ensemble de monuments antiques ne peut porter aucun préjudice à la valeur de nos travaux d'art.

Si les anciens ont fait de grandes choses, nous ne devons pas oublier que celles que nous produisons leur sont supérieures de tous les progrès que l'art de la construction a réalisés depuis eux. C'est ce que nous allons chercher à démontrer par un exemple spécial.

Ce sentiment de notre supériorité sur les anciens, nous l'avons éprouvé surtout en contemplant toutes nos œuvres modernes : les viaducs de Morlaix, de la Bouble, du Busseau-d'Ahun, de Garabit, ce dernier jeté avec une hardiesse extraordinaire sur la nouvelle ligne de Marvejols à Neussargues, près de Saint-Flour, le pont tournant de Brest, l'aqueduc de Roquefavour, près de Marseille, le pont-canal d'Agen, le pont suspendu qui relie Brooklyn à la cité de New-York, sur l'East-River, le tunnel du Saint-Gothard, le pont de Maria-Pia sur le Douro, etc., et un ouvrage de création récente qui, dès à présent, peut prendre rang, à titre d'ouvrage courant, parmi les meilleurs spécimens de l'art de l'ingénieur. Cet ouvrage que sa proximité de Paris nous a permis d'étudier avec soin est le viaduc du Val-Saint-Léger, près de Saint-Germain, sur le chemin de fer de Grande-Ceinture de Paris.

Ce viaduc offre des détails d'exécution qui présentent un attrait spécial pour tous ceux que captivent les merveilles de notre siècle et parmi celles-ci, nos travaux publics.

Enfin, les personnes qu'intéresse cette querelle de la supériorité des modernes sur les anciens et celles qui ne savent pas combien l'édification d'un ouvrage semblable comporte de soins, de labeurs et d'inquiétudes avant son complet achèvement, pourront trouver, dans cet exemple que nous avons choisi pour spécialiser le débat, des détails qui les édifieront suffisamment, du moins en avons-nous l'espoir.

La monographie de cette œuvre dont nous avons pu suivre de près les études et la construction nous amènera à examiner, par la suite, si réellement nous sommes inférieurs aux anciens.

DEUXIÈME PARTIE

Le Viaduc du Val Saint-Léger (près de Saint-Germain-en-Laye). — Implantation de l'ouvrage. — Construction des piles. — Fondations à l'air comprimé. — Lançage du tablier métallique.

Le viaduc du Val Saint-Léger a été édifié dans des conditions que le peu de consistance du sol sur lequel il a été assis a rendues particulièrement difficiles.

Les nécessités du tracé du chemin de fer de Grande-Ceinture de Paris ont imposé l'établissement de cet ouvrage, près de Saint-Germain-en-Laye, dans le voisinage de deux œuvres similaires mais qui n'ont pas présenté de semblables obstacles.

Ces deux œuvres sont le viaduc du Val Fleury qui déjà, lors de la construction de la ligne de Versailles, rive gauche, a été une cause de sérieux embarras pour la Compagnie de l'Ouest, et, sur la nouvelle ligne de l'Étang-la-Ville à Saint-Cloud, le viaduc de Marly, qui a eu la bonne fortune de pouvoir être fondé à l'air libre, sans que l'on ait eu à se défendre contre les eaux.

Quant au viaduc du Val Saint-Léger, il a dû être construit dans une vallée dont le thalweg et les versants ne pouvaient offrir, *a priori*, aucun point d'appui solide, à cause de leur constitution géologique.

Aussi, la traversée de cette vallée a-t-elle été un sujet d'études laborieuses pour les ingénieurs. Bien des solutions ont été cherchées; bien des emplacements auxquels on avait songé tout d'abord ont été abandonnés ; et ce n'est qu'après de patients efforts que le projet actuel a été résolu, parce qu'il a été reconnu pour être le plus économique et le plus sûr.

Les nombreux sondages faits lors des premières fouilles de la ligne avaient montré que les flancs du val étaient constitués par des bancs calcaires plus ou moins disloqués, reposant sur une épaisse couche de sables glaiseux, fluents et très aquifères au-dessous desquels on trouvait un banc d'argile plastique. Celui-ci, à son tour, s'appuyait sur la craie dont les affleurements se montrent à Port-Marly. Or, au point où est établi le viaduc, cette couche de craie ne se rencontre qu'à une profondeur de 25 à 32 mètres.

Les bancs de calcaires grossiers, existant sur la partie supérieure des coteaux et sur les flancs de la vallée, disparaissent au centre. A la suite des divers cataclysmes qui ont bouleversé notre globe, ces calcaires, en effet, ont dû s'effondrer et recouvrir les flancs du val en couches plus ou moins épaisses ; et, comme ils ont suivi les déclivités des versants en s'usant et en se brisant dans leur mouvement de descente, ils ne se trouvent plus qu'à l'état de débris et mélangés aux sables et à l'argile dans le fond de la vallée. Il fallait donc aller chercher la couche de craie dans les entrailles mêmes du val pour asseoir les fondations du viaduc sur le fond Saint-Léger. Là était la réelle difficulté, car c'était la première fois que l'on osait aborder de pareilles profondeurs. Aussi, les ingénieurs eurent-ils à rechercher surtout les moyens les plus sûrs, les plus méthodiques et les plus économiques à la fois, de mener à bonne fin une pareille entreprise.

Les différents systèmes de fondations en usage, tels que puits blindés, pilotis ou autres furent tour à tour examinés et écartés. On dut même renoncer à un projet de viaduc à arc métallique dont l'aspect eût été fort gracieux. Ce système de viaduc à arc n'aurait pas offert des conditions de solidité suffisantes, par suite des glissements certains des couches calcaires sur lesquelles ses deux extrémités auraient reposé. On décida, en conséquence, d'exécuter un viaduc métallique à poutre droite ayant une longueur totale de trois cent onze mètres, de façon à pouvoir appuyer les culées supportant les extrémités du tablier en fer sur les bancs calcaires des crêtes de la vallée, sur les flancs du val et sur le thalweg.

Aux endroits où ces mêmes bancs étaient très inclinés et disloqués et où ils disparaissaient même tout à fait, on fut obligé de soutenir le tablier par trois piles descendues jusqu'à la craie au moyen de caissons en tôle analogues à ceux employés dans les fondations pneumatiques.

L'ouvrage était donc composé de deux culées en maçonnerie ayant ensemble une longueur de 53 mètres, formées d'arcades de 8 mètres d'ouverture et d'une partie métallique de 258 mètres de longueur, supportée par trois piles et divisée en quatre travées dont les deux plus grandes, celles du milieu, ont une portée considérable : 70 mètres, et les deux autres, près des culées, 56 mètres.

Les parties apparentes des maçonneries ont été construites avec de la meulière dont la teinte rougeâtre, en se détachant nettement des chaînes d'angle et des assises du couronnement exécutées en pierre de taille blanche, contribue à donner à l'ouvrage un aspect plus agréable.

Quant à la partie métallique proprement dite, elle est formée de quatre grandes poutres placées sous chacun des rails de la voie. Ces poutres maîtresses sont reliées entre elles par un contreventement d'une très grande légèreté et portent des trottoirs en encorbellement. L'ensemble de l'ouvrage, grâce à la disposition particulière des treillis et à l'agencement des différentes parties de la construction, offre un aspect de légèreté extraordinaire, surtout quand on songe que deux des travées du pont franchissent, sans point d'appui, des espaces ayant 70 mètres d'étendue. Cette légèreté n'est pas seulement apparente : le tablier ne pèse que 5,000 kilos par mètre linéaire. Or, des ouvrages de cette nature, pour des portées aussi grandes, dépassent généralement cette limite.

Malgré cette légèreté excessive, les nombreux spectateurs qui, de Saint-Germain et des environs, sont accourus pour assister aux épreuves réglementaires de cet ouvrage, ont pu voir la force de résistance avec laquelle il a supporté victorieusement les épreuves successives qu'on lui a imposées.

La partie la plus difficile de ce grand travail a été l'implantation des piles. C'était aussi la plus ingrate ; car lorsque toutes les fondations furent terminées, on n'apercevait à fleur du sol que trois bases

en maçonnerie, comme si rien n'avait encore été fait !
Cependant que d'efforts il a fallu déployer et que de
difficultés il a fallu vaincre pour arriver à ce résultat
et pour exécuter ces assises jusqu'au point où seulement on commence à les voir naître ! C'est ainsi que
la pile du milieu du viaduc, qui a une hauteur totale
de 45 mètres, ne laisse voir que 20 mètres de maçonnerie. Les 25 mètres du massif principal, compris
entre la base et la partie apparente de la pile, sont
noyés dans le fond de la vallée.

Il ne sera pas inutile de dire, en quelques mots,
comment se sont construites ces fondations à des
profondeurs aussi grandes, variant entre 25 et 33
mètres.

A l'emplacement de chaque pile, on avait d'abord
procédé au montage d'un grand caisson en fer fortement charpenté, ayant 12 mètres de longueur, 6^m60 de
largeur et 2 mètres de hauteur sous plafond. Les tôles
composant ses parois avaient 0^m006 d'épaisseur. On
les avait contre-fichées et, pour leur donner plus de
rigidité, on avait entretoisé transversalement leurs
deux plus grandes faces au moyen de deux arcs en
tôle formés d'une âme de 0^m005 d'épaisseur et de
cornières. Ce caisson était ouvert par le bas et muni
de couteaux ayant 0^m20 de hauteur et 0^m016 d'épaisseur, pour faciliter son mouvement de pénétration dans
le sol. Il formait une espèce de chambre destinée à
recevoir les ouvriers.

Sur le plafond de ce caisson, on exécutait, au fur et
à mesure de son enfoncement, le massif des maçonneries formant la fondation de chaque pile. Ce massif
descendait avec le caisson, progressivement, pendant que
les ouvriers placés dans la chambre de travail dont il
vient d'être parlé creusaient le sol sous eux. Deux ou-

vertures avaient été ménagées dans le plafond du caisson, tandis qu'à l'intérieur des maçonneries on avait réservé deux cheminées verticales de 2 mètres de large, pour permettre à la fois l'enlèvement des déblais provenant des fouilles intérieures, l'épuisement des eaux, au moyen de bennes en tôle, et la descente des ouvriers. Tout un système de treuils, d'échafaudages, de locomobiles servait à effectuer le mouvement de ces bennes.

On s'en tint à ces dispositions aussi longtemps qu'on le put. Malheureusement, les choses changèrent de face quand on commença à pénétrer dans les sables glaiseux rendus extrêmement fluents par l'abondance des eaux. Ces sables, comme on l'avait prévu et comme on le craignait, ne purent porter les ouvriers et des cas d'enlizement se produisirent. La chambre de travail était souvent envahie et, pour éviter aux ouvriers de risquer, à chaque instant, d'être emprisonnés entre le plafond et le terrain vaseux, on dut leur prescrire de travailler seulement sous les deux ouvertures du caisson. A certains moments même, l'accès de cette chambre devenait impraticable; les sables refluaient jusque dans les cheminées, et on ne pouvait travailler que dans l'étroit espace qu'offraient les évidements du massif des maçonneries.

Il arriva enfin que l'abondance des eaux fut telle que les moyens d'épuisement les plus puissants mis en œuvre menacèrent de devenir insuffisants.

On hésitait cependant à employer l'air comprimé pour refouler ces eaux et pour travailler à sec dans le caisson ; la marche du travail eût été trop retardée par les opérations multiples que ce mode de fondation entraîne forcément, comme nous le dirons plus loin.

Enfin, après avoir fait appel à toute la bonne volonté et à toute l'énergie des équipes, après quelques mois de luttes, le caisson finit par arriver dans la couche d'argile étanche, et on fut débarrassé des eaux.

De nouvelles difficultés surgirent alors. Ces argiles, gonflées par les eaux qui suivaient le massif dans sa descente, venaient presser les parois du caisson et les soumettre à des efforts tels qu'ils provoquèrent, à la fin, des accidents contre lesquels on s'était pourtant prémuni. Il fallait se hâter de soustraire le caisson à des tensions aussi grandes et activer la descente par tous les moyens possibles, malgré les conditions périlleuses dans lesquelles ce travail pouvait s'effectuer.

Grâce à des efforts constants, on parvint au banc de craie qui devait supporter la fondation. L'intérieur du caisson et la base des cheminées furent aussitôt remplis avec du béton de ciment, et la partie supérieure du massif des maçonneries fut arasée pour y établir la partie apparente des piles.

C'est ainsi que fut fondée la pile du milieu, en assez peu de temps, puisque le montage du caisson n'exigea que 25 jours et la descente proprement dite du massif de fondation ne prit, en travaillant de jour et de nuit, que deux mois et vingt jours pour une profondeur totale de 25 mètres.

Mais pour les deux autres piles, les choses ne se passèrent pas aussi simplement. On avait à traverser des bancs de pierre très inclinés et disloqués. Or, il arrivait par les fissures que formaient entre eux les blocs de pierre des quantités d'eau encore plus considérables qu'à la pile du milieu établie, cependant, dans le fond de la vallée.

Dès lors, on dut nécessairement recourir à l'emploi de l'air comprimé. Pour compenser le ralentissement imposé par l'usage de ce système de fondation, le travail fut poussé le plus activement possible. A un moment donné, il y eut cinq locomobiles mises en mouvement sur le chantier. Il fallait lutter, en effet, contre d'énormes embarras.

Outre l'obstacle des eaux, ces blocs de pierre, dont l'équilibre était rompu par le trou que le couteau du caisson et le travail des ouvriers venaient d'y faire, se mirent à glisser et arrêtèrent, dans leur descente, les parties supérieures du massif des maçonneries.

A l'une de ces piles même, ces complications présentèrent un caractère de gravité exceptionnelle. Le caisson, engagé alors dans les sables sans consistance, continua de descendre sans attendre la partie supérieure des maçonneries qui, arrêtée par ces glissements, resta ainsi suspendue. Cette situation critique mit les ingénieurs dans l'obligation de recourir à des reprises en sous-œuvre sous des charges de plus d'un million de kilogrammes. Il fallut une habileté consommée pour soutenir une pareille masse, par des moyens multiples, pendant que l'on procédait à la réfection rapide des maçonneries disloquées.

Il restait cependant à exécuter encore un fonçage de 8 à 10 mètres. On dut construire sur cette hauteur, sous la masse des maçonneries retenues ainsi dans cet état de suspension difficile, une série de puits isolés, fortement blindés, que l'on conduisit jusqu'à la craie. Quand deux puits étaient terminés, on y exécutait un fort pilier en maçonnerie qui, bien assis sur le banc de craie inférieur, venait soutenir la base du caisson. On exécutait ensuite, à côté, un second puits, et on put arriver ainsi, en reliant tous ces puits les uns aux autres, à former une base très solide qui suffit pour supporter le massif de fondation resté en route.

Ces deux piles extrêmes, dont les bases ont été édifiées au milieu de si fâcheuses vicissitudes, ont dû être fondées : celle du côté de Versailles à 33^m,60 et celle du côté de Poissy à 30 mètres de profondeur.

Leur fonçage, avec les reprises en sous-œuvre, a demandé dix mois, à cause de l'emploi de l'air comprimé qui avait ralenti considérablement les travaux.

Ce ralentissement occasionné par la sujétion de l'air comprimé s'explique. L'usage de ce mode de fondation nécessite tout un matériel et toute une série d'opérations et de précautions qu'on ne peut éviter.

L'air, comprimé au moyen de pompes spéciales actionnées par les locomobiles, était emmagasiné dans un réservoir. Une canalisation particulière l'amenait ensuite du réservoir au lieu d'emploi. Là, des écluses à air, composées de trois chambres, étaient installées au niveau du sol. La chambre du milieu, la plus grande, était en communication constante avec la colonne verticale en tôle installée à l'intérieur du massif de maçonneries et reliée à la chambre de travail du caisson, au plafond duquel l'ouverture nécessaire avait été ménagée. Cette grande chambre du milieu recevait l'air comprimé du réservoir et fournissait au caisson la pression voulue pour refouler les eaux et permettre aux ouvriers de travailler à sec.

Les deux autres chambres situées de chaque côté de celle dont on vient de parler, et communiquant avec elle par des portes fermant hermétiquement, servaient alternativement à l'emmagasinement momentané des déblais extraits des fouilles. Quand une de ces deux

chambres était remplie de ces extractions, on la mettait
en communication avec l'air extérieur, après avoir
fermé la porte qui la réunissait à la chambre centrale,
et on pouvait jeter dehors les terres qui l'encom-
braient. On voit de suite pourquoi on était obligé
d'agir ainsi : la pression dans le caisson et la chambre
centrale étant plus forte que celle de l'air extérieur
s'opposait absolument à ce qu'on mît cette chambre
en relation directe avec l'air extérieur. On était donc
obligé de procéder par éclusées successives, ainsi
qu'on agit quand on veut faire passer un bateau à
des niveaux différents dans un canal.

L'entrée et la sortie des ouvriers s'effectuaient également par éclusées ; mais des précautions indispensables retardaient ces mouvements d'équipes, parce
qu'il fallait habituer progressivement les poumons des
ouvriers à la transition entre l'air extérieur et l'air
comprimé du caisson ; on ne pouvait pas les exposer
à des variations de pression atmosphérique qui eussent
été dangereuses. Si, pour le déchargement des matériaux, une fois la porte de communication de la
chambre centrale close, on pouvait ouvrir assez rapidement la porte d'admission de l'air extérieur, il n'en
était pas de même pour les hommes.

A cet effet, après leur entrée dans l'une des chambres
latérales de l'écluse, on fermait la porte qui venait de
leur donner accès et on ouvrait progressivement un
robinet mettant en communication cette chambre avec
celle du milieu. Peu à peu, l'air comprimé pénétrait
dans la première chambre, et lorsque la pression
arrivait à être la même dans les deux espaces, on
pouvait ouvrir la porte, qui permettait d'accéder de
l'une dans l'autre.

Une fois dans la chambre centrale, les ouvriers

descendaient dans le caisson, où ils restaient environ quatre heures au travail sans gêne aucune, sans ressentir d'autres phénomènes qu'un accroissement dans le nombre des inspirations, une diminution des battements du cœur et du pouls qui devenait filiforme, et un appétit plus rapide. L'air comprimé n'exerce aucune influence mauvaise sur l'organisme humain, à des pressions modérées. Les ouvriers sentent moins la fatigue et s'essoufflent moins vite.

Au-dessus de 3 atmosphères, on remarque chez eux une certaine congestion à la face et parfois un peu de loquacité, signe de congestion légère au cerveau. Cette action, dans ce cas, est due, non à la pression de l'air comprimé, mais à la tension de l'oxygène qui se trouve en plus grande quantité dans l'air qu'ils respirent et qui accélère d'autant la vie.

La sortie s'opérait de la même manière ; mais c'est alors qu'il fallait s'opposer à la hâte des ouvriers de se trouver trop promptement à l'air libre. La chambre d'admission était fermée du côté de l'air extérieur, et les équipes devaient y séjourner un intervalle de temps réglementaire jusqu'à ce que la communication avec la chambre centrale ayant été close, le manomètre qui servait à marquer le degré de pression auquel se trouvait l'atmosphère dans ces mouvements de sortie et de rentrée, eût indiqué que le niveau de pression avec l'air extérieur était rétabli.

Malgré l'habitude acquise, ce n'était pas impunément qu'on pouvait s'exposer à brusquer le mouvement de sortie où, surtout, la transition devait être ménagée avec le plus grand soin. C'est pour avoir enfreint les ordres donnés à cet effet et négligé les précautions essentielles qui étaient imposées à tous, qu'un cas de congestion cérébrale se produisit pendant les travaux, et que plusieurs ouvriers risquèrent d'être atteints de surdité temporaire. La pression s'exerçait, en effet, d'une manière intense sur le tympan quand on pénétrait trop rapidement dans l'air comprimé ou quand on revenait trop vite à l'air libre, et elle se faisait sentir avec une persistance intolérable longtemps après le retour à la surface du sol.

On conçoit que ces manœuvres et ces stations forcées absorbaient un laps de temps assez long. En outre, au fur et à mesure de l'enfoncement du caisson et des maçonneries dans les profondeurs du Val, les écluses à air qui devaient toujours rester au niveau de la terre, nécessitaient un relèvement. Il fallait alors allonger les cheminées en tôle qui les reliaient avec le caisson ; de là, de nouvelles pertes de temps que le travail à l'air libre aurait évitées, si l'affluence des eaux n'avait pas imposé ce mode de fondations.

Malgré ces retards inévitables, l'ensemble de l'établissement des trois piles n'a pas exigé plus de dix mois et n'a donné lieu, d'après les chiffres officiels qui ont été publiés depuis, qu'à une dépense de 430,000 francs, soit 145,000 francs par pile ou 4,800 francs par mètre linéaire de profondeur de fondation.

Après l'exécution de la partie apparente des piles, on poussa très activement la mise en place et le lançage du tablier métallique.

Nous ne dirons qu'un mot de cette opération qui est employée depuis plus de vingt ans. Elle fut exécutée d'ailleurs dans des conditions normales.

Le tablier, après avoir été assemblé et monté par fractions de 100 mètres sur un terre-plein préparé en arrière d'une des culées, avait été placé sur des rouleaux et tiré ensuite au moyen de câbles et de treuils.

Il s'avançait ainsi en porte à faux pour se rapprocher

de la première pile. Quoique cette masse de fer pesât un million deux cent mille kilogrammes, dix hommes suffirent pour la mettre en mouvement. Sa vitesse d'avancement était en moyenne de 3 ^{m}, 60 par heure. Afin d'éviter que la partie du tablier qui se dirigeait ainsi dans le vide ne se déformât, on avait muni son extrémité d'un avant-bec de sept mètres de long formé d'une armature en fer, destinée à l'alléger d'autant, dès qu'elle aurait touché la pile vers laquelle le tablier était lancé.

De plus, on l'avait soutenue par le milieu, au moyen d'une palée provisoire en bois de charpente de vingt mètres de hauteur, placée de façon à partager également la distance considérable de 70 mètres que le tablier avait à franchir entre deux piles consécutives.

La palée intermédiaire composée de bois d'une telle hauteur a supporté, sans fléchissement, la charge, le mouvement et les oscillations causées par l'opération du lançage, sans que ses énormes poutres aient cédé en aucun point.

Lorsque l'extrémité du tablier était arrivée à reposer sur la première pile, on continuait le montage en arrière de la culée, d'une nouvelle fraction de 100 mètres de tablier qu'on lançait de la même manière, et ainsi de suite, jusqu'à la mise en place complète de tout l'ouvrage.

Ce viaduc a été construit par M. Ch. Geoffroy, Ingénieur en Chef des ponts et chaussées.

La partie métallique a été exécutée par M. Henri Roussel.

Les fondations ont été faites par M. Hersent, l'entrepreneur du Canal de Suez et du Canal de Panama, le collaborateur expérimenté de M. de Lesseps.

Ces constructeurs, ainsi d'ailleurs que tout le

personnel, méritent les plus grands éloges pour la rapidité avec laquelle ils ont mené à bien de semblables travaux, et cela malgré les intempéries, les difficultés d'accès, les circonstances particulières qui ont été pour eux autant d'embarras et de retards.

Maintenant que ce bel ouvrage se profile fièrement au-dessus de la vallée, on aime à se reporter à cette époque fiévreuse où tout était une cause de soucis ; on aime à se rappeler l'activité qui régnait autrefois sur les chantiers pendant la période des travaux.

C'était réellement un spectacle merveilleux que de voir, à la nuit tombante, les ouvriers juchés sur les garde-corps ou dans le contreventement du tablier métallique, se lancer, à distance, les rivets incandescents et faire jaillir mille étincelles sous leur marteau, en procédant au rivetage sur place de ces lames de fer qui semblaient fourmiller dans l'espace.

Vu du bas de la vallée, cet énorme ouvrage prenait alors des proportions et des aspects fantastiques, et jusqu'au bruit du fer martelé qui emplissait le val, tout portait le spectateur impressionné à voir dans cette vaste machine de tôle, de fonte et de pierre, l'incarnation du génie de notre siècle de fer et de charbon contraignant la nature à lui livrer passage et à subir ses lois.

En se rappelant ces impressions, la pensée se reporte vers les hommes hardis qui ont conçu et exécuté de pareils ouvrages d'art. Dès lors, par une réminiscence involontaire, leur personnalité s'agrandit de tous les progrès, de tous les perfectionnements réalisés sur les anciens et l' « *œs triplex circa pectus erat* » du bon Horace devient bien plus vrai.

Si l'idée du premier navigateur qui osa se confier aux flots redoutables, absorbait Horace en de telles réflexions, que dirait-il maintenant de nos ingénieurs modernes qui volent sur des routes de fer d'un bout de l'hémisphère à l'autre, qui franchissent tous les obstacles que la nature a accumulés devant eux, et qui, reculant les bornes du monde ancien, atteignent à présent, non plus seulement par mer, mais encore par la voie de fer, le rivage défendu.

Le sentiment d'orgueil que nous avons éprouvé à la vue d'un tel ouvrage, sera partagé, nous n'en doutons pas, par tous ceux qui aiment les grands travaux et qui iront examiner cette œuvre sur place.

Qu'ils se rendent à la nouvelle gare de Saint-Germain, sur le chemin de fer de Grande-Ceinture (1);

---

(1) L'ouverture au service public du chemin de fer de Grande Ceinture de Paris, permet l'étude du viaduc et celle non moins attrayante de cette ligne nouvelle construite avec soin et même avec luxe. Le réseau de la Grande-Ceinture présente divers éléments d'intérêt au cours de sa traversée des jolies vallées de la Marne, de l'Orge, de l'Yvette, de la Bièvre et de la Seine.

Parmi les points les plus beaux, nous devons citer Mareil-Marly, admirablement situé et d'où l'on découvre avec une vue superbe sur la vallée de la Seine, le Mont-Valérien, les coteaux d'Argenteuil, les hauteurs de l'Hautil et la forêt de Saint-Germain. La station de Mareil-Marly a exigé tout un ensemble de travaux spéciaux sans lesquels la ruine du village et de sa belle église romane, classée comme monument historique aurait été consommée. On ne se doute guère, en la voyant si propre et si coquette aujourd'hui, du chaos qu'elle présentait, quand il a fallu consolider et assainir méthodiquement tout le coteau de nature argileuse qui glissait et menaçait d'entraîner le village.

Après Argenteuil, la ligne se déroule à flanc de coteau le long de la Seine, et permet de voir le panorama de Paris. Quant à la vue de la vallée de la Marne à Nogent et à Champigny, elle est trop connue pour que nous en parlions.

Il n'en est pas de même de la partie de la ligne comprise entre Savigny-sur-Orge et Versailles, qui est fertile en sites remar-

qu'ils descendent jusqu'au val Saint-Léger, dans ce
fond même où les tenanciers des seigneurs de Marly
et des abbés de Saint-Germain se livraient des batailles
continuelles, et venaient vider les querelles de leurs
commettants, au xiiie siècle, comme le relate Maquet,
une illustration du cru révélée par Sardou.

Là, du bas de la vallée, qu'ils jettent un regard sur
cet énorme assemblage de fer et de tôle élevé au-dessus
d'eux. Alors, quand ils entendront sous le grondement
répété des trains, cette sorte de Léviathan moderne
tressaillir dans tout son être et gémir, quand les échos
répercuterout ses palpitations, qu'ils l'admirent, ras-
surés, dans toute sa puissance et qu'ils rendent pleine
justice à leurs contemporains qui forgent, on sait avec
quels efforts, de tels instruments de civilisation et de
progrès.

---

quables et qui, n'ayant pas eu les mêmes facilités de communication jusqu'à présent n'était, pas aussi fréquentée.

Le viaduc du val Saint-Léger est l'ouvrage le plus important de
ce réseau qui met en relations des points des environs de Paris
non encore reliés aux grandes voies ferrées. En même temps
qu'elle servira aux intérêts stratégiques et commerciaux, cette
ligne nouvelle, par l'outillage perfectionné de ses grandes gares
d'échange, économisera aux transports la traversée et le trans-
bordement de Paris et assurera le service du transit des marchandises du Nord sur le Sud ou de l'Est sur l'Ouest, ou de
chacun d'entre ces divers points sur les autres.

Nous avons achevé de décrire dans son ensemble l'ouvrage que nous avions pris comme exemple. Nous avons établi que notre époque est arrivée à obtenir des résultats merveilleux de construction rapide et méthodique.

L'exposition seule de semblables avantages suffirait à prouver que nous ne le cédons en rien aux anciens, comme conception, comme exécution, ni comme célérité dans les travaux.

Cependant pour préciser le débat et pour mieux mettre en valeur les progrès que nous avons accomplis, il faut insister sur cette question des chemins de fer, comme nous l'avons dit plus haut.

C'est aux chemins de fer que se rattache l'ouvrage que nous venons d'étudier.

C'est à eux que nous devons, en dehors de tous leurs autres bienfaits industriels, politiques et économiques, cet ensemble de travaux d'art qui fixeront les siècles futurs sur notre valeur réelle, avec plus de précision que ne pourront malheureusement le faire les traces architectoniques de notre époque.

Le coup d'œil rapide que nous allons jeter sur l'économie des voies ferrées, nous permettra d'apprécier les travaux des anciens à un point de vue moins spéculatif. Nous pourrons ainsi arriver à poser nos conclusions avec pleine connaissance de cause et avec toute l'impartialité désirable.

TROISIÈME PARTIE

Les Chemins de fer (Origine, historique, comparaison avec l'Étranger, valeur de l'ensemble de nos constructions ferrées). — Contraste entre ces constructions et celles des anciens. — Critique de l'antiquité. — Lenteur des travaux. — Destination des monuments. — Les œuvres modernes.

Avant de nous livrer à l'étude qui précède sur le Viaduc du Val-Saint-Léger, afin de l'opposer au travail des anciens et avant de tirer aucune déduction de cette étude, nous avons dit que, dans le passé, chaque grand siècle a vu l'art du constructeur marcher de concert avec les productions de l'esprit humain et surtout avec l'art littéraire. Nous avons ajouté que si le mouvement de 1830 a modifié considérablement notre littérature, simultanément, il a inauguré une ère nouvelle en créant les voies ferrées et en donnant un essor immense aux travaux publics. C'est sur ces années déjà lointaines que nous allons revenir pour faire un rapide historique de l'origine des chemins de fer.

Cette époque, en effet, a enfanté toute une pléïade d'écrivains, de littérateurs, de philosophes, d'hommes politiques, de financiers, d'ingénieurs qui, malgré toutes les résistances intéressées, ont imprimé à la civilisation un progrès remarquable.

Il n'est pas hors de propos d'insister sur ces résistances et sur les efforts qui ont dû être faits pour les vaincre. L'honneur de la victoire remportée sur des intérêts aussi opposés est dû en partie aux philosophes qui ont apporté leur part de grandeur à notre siècle par leur éclat dans les sciences noologiques. Ce sont eux qui ont remué cette masse d'idées, cause déterminante du mouvement économique actuel. Du reste, ils ont été aidés dans la réalisation de ces vastes projets par l'École polytechnique qui brille au premier rang dans les sciences exactes, et qui, non contente de s'être faite éducatrice des masses populaires, en fondant l'Association polytechnique pour l'instruction des adultes, s'est toujours mise à la tête de tous les mouvements généreux.

Tandis que les Saint-Simon, les Enfantin, les Aug. Comte, les Michel Chevalier aidaient cette école en traitant spécialement la question industrielle et sociale, les Pereire, les Laffitte, les Rothschild, les Blount, les Bartholoni, les Benoist-d'Azy lui prêtaient leur concours financier ; ses efforts ont donc réellement déterminé le mouvement en faveur des chemins de fer avec les Talabot, les Didion, les Jullien, les Perdonnet, les Couche, les Baude. C'est elle surtout, qui, avec son auxiliaire l'École centrale, a imprimé à la construction et à l'exploitation des chemins de fer une direction technique exceptionnelle à laquelle l'étranger est le premier à rendre justice.

Mais, tout en reconnaissant combien ces vaillants champions ont contribué à triompher d'une opposition systématique contre le progrès, nous devons déclarer que si un autre précieux auxiliaire n'avait surgi, vraiment inspiré par les événements, s'il n'avait su trouver et grouper les capitaux effarés, leurs efforts eussent été stérilisés.

Nous devons à la vérité de dire que la majeure partie du mérite de cette transformation industrielle et sociale produite par les chemins de fer revient à un financier d'une rare valeur. Sans lui, la cause des voies ferrées était perdue ou du moins ajournée pour de longues années encore.

Cet homme, c'est M. François Bartholoni, et nous pouvons lui rendre un hommage d'autant plus impartial et désintéressé qu'il est mort dernièrement, après avoir eu la satisfaction et la gloire de voir son œuvre entièrement réalisée.

Ce grand financier, doublé d'un penseur et d'un homme de cœur, car il a indiqué, longtemps à l'avance, la meilleure solution du redoutable problème de la conciliation du travail et du capital, en tenant à associer, par la participation aux bénéfices de la compagnie, tous les employés du chemin de fer d'Orléans, a su pressentir, avec son admirable intuition des affaires, les grands résultats que les chemins de fer allaient apporter à la France.

Mais que d'efforts il dut déployer avant de faire triompher sa manière de penser sur cette grave matière !

Pour en concevoir une idée, il faut se reporter à cette époque comprise entre 1815 et 1840, qui marque

les jours de calme succédant enfin aux terribles secousses des combats et d'une gloire si coûteuse.

Cette période précède le réveil de notre industrie ;
elle nous revèle les efforts que cette dernière à dû faire
pour commencer à produire les chemins de fer.

Les discussions politiques de ces années fécondes
par l'éclosion des idées, par l'ardeur des recherches
économiques sont probantes.

Dès 1836, une polémique ardente s'était engagée
entre les corps politiques et le monde des affaires pour
trouver le meilleur moyen d'appliquer les exemples
qui nous venaient de l'étranger. L'Angleterre, la Belgique, l'Allemagne avaient construit des voies de fer ;
la France restait en arrière.

Elle possédait bien les chemins de fer de Saint-
Étienne à Andrézieux (concession Beaunier, 1823), de
Saint-Étienne à Lyon (concession Séguin, 1826),
d'Andrézieux à Roanne (concession Mellet et Henry,
1828), d'Épinac au Canal de Bourgogne (1830), d'Alais
à Beaucaire (1833), de Paris à Saint-Germain, (Compagnie Péreire, Mony, Clapeyron, Flachat et James de
Rothschild, 1835) ; mais c'étaient là de timides essais
qui constituaient, d'ailleurs, des entreprises privées.
Il fallait obéir à l'impulsion qui nous poussait vers le
progrès. Il fallait construire des voies ferrées d'une
certaine étendue. Les uns voulaient que ces nouvelles
entreprises fussent mises à la charge de l'État ; les
autres, plus pratiques, voulaient les confier à l'industrie privée, qui devait rester maîtresse absolue du
choix et des moyens d'exécution.

Une transaction intervint entre les deux parties et
la loi du 9 juillet 1836 prouve que les Chambres se
montrèrent favorables aux projets des Compagnies.

La seule condition imposée fut que ces dernières

soumettraient leurs clauses et conditions, ainsi que les dispositions de leurs ouvrages, ponts, ponceaux, aqueducs, etc., à l'approbation du Gouvernement.

Des compagnies se formèrent, en 1837, pour entreprendre les deux lignes de Paris à Versailles en concurrence par la rive droite et la rive gauche, et le chemin de fer de Bordeaux à La Teste.

En 1837, le Gouvernement, par l'organe de Martin, du Nord, sous le ministère Molé, présenta un vaste plan de chemins de fer rayonnant de Paris sur la frontière de l'Est, sur le Nord, les ports de l'Ouest et le Midi. Malgré les raisons excellentes mises en avant par l'orateur et les partisans des chemins de fer, la Chambre, rendue hésitante par la demande des 280 millions nécessaires à l'État, émit, le 8 mai 1837, un vote d'ajournement. En 1838, à une nouvelle proposition de création des grandes voies ferrées entre Paris, le Havre et Dieppe, entre Paris et Strasbourg et entre Tours et la frontière d'Espagne, la Chambre répondit par la clôture de la session, sans même entendre aucun rapport sur cette question.

Cependant, dès cette année, le Gouvernement concéda trois lignes de quelque importance à des compagnies qui ne réclamaient aucun subside.

La Compagnie Kœchlin et frères obtint, par la loi du 16 mars 1838, pour une durée de soixante-dix ans, la concession de la première grande ligne établie en France : le chemin de fer de Strasbourg à Bâle.

Par la loi du 7 juillet 1838, la Compagnie d'Orléans fut autorisée à établir un chemin de fer de Paris à Orléans par Étampes, avec embranchement conduisant à Corbeil, Pithiviers et Arpajon, conformément à l'offre faite par les sieurs Casimir Lecomte et Cie.

Enfin, la Compagnie de l'Ouest, dénommée Com-

pagnie des Vallées, après avoir été en concurrence avec
la Compagnie des Plateaux, demeurait chargée de
l'exécution du chemin de fer de Paris à Rouen, par
concession en date du 15 juin 1840.

Ce fut alors que la lutte devint acharnée.

Les concessionnaires, les actionnaires furent en butte
à toutes les intimidations, à tout le déchaînement des
hostilités soulevées par leur courage. On fit contre eux
une campagne indigne ; les arguments les plus pitoya-
bles furent invoqués contre les diverses entreprises de
voies ferrées qui devaient cependant enrichir la France.
Bientôt, la construction des chemins de fer allait être
à jamais compromise par la panique qui s'emparait
des capitaux.

Toutes les Compagnies, en effet, étaient frappées
par la débâcle. La Société Kœchlin, elle-même était
obligée de solliciter l'assistance de l'État. Ce fut alors
que M. Bartholoni, avec l'autorité et le feu sacré d'une
conviction profonde, sut trouver et faire accepter la
formule qui devait établir l'accord entre les intérêts
pressants du progrès et ceux de l'ancien ordre de
choses, défendu avec une opiniâtreté et une ardeur
incroyables par des hommes de valeur pourtant, mais
rebelles aux innovations, comme Thiers.

A l'État et aux adversaires des chemins de fer qui
protégeaient les maîtrises de poste et les situations
de leurs amis, il proposa de favoriser l'établissement
des chemins de fer en vertu de concessions nouvelles dont
l'économie consistait à faire garantir par l'État un
minimum d'intérêt de 4 0/0 aux capitaux nécessaires
à la construction des voies ferrées. Cette garantie ne
fut que nominale ; mais elle suffit aux capitaux terrifiés
à ce moment. En échange de cette garantie, M. Bartholoni offrait à l'État de lui remettre purement et

simplement l'industrie des chemins de fer avec tout
son énorme outillage, quand elle serait en pleine prospérité, à la fin de chaque concession.

Il ne demandait que l'usufruit des voies ferrées pendant une durée de 70 ans, en se faisant fort de rem-
bourser intégralement le capital emprunté avant la
fin de cette période.

Ces conditions étaient avantageuses pour le pays, et
la loi du 15 juillet 1840 autorisa le Ministre des Travaux publics à garantir, au nom de l'État, à la Compagnie de Paris à Orléans, un minimum de 4 0/0 sur
les 40 millions nécessaires pour l'achèvement de
cette ligne, à dater de son ouverture à l'exploitation,
sous la condition que cette Compagnie emploierait
annuellement un pour cent à l'amortissement de son
capital.

La question des chemins de fer était résolue; la
ligne de Paris à Juvisy concédée primitivement à
M. Lecomte était poussée jusqu'à Orléans; la ligne de
Strasbourg à Bâle recevait un prêt de 12 millions en
bénéficiant ainsi du régime nouveau de la garantie
d'intérêt, et celle de Paris à Rouen, concédée en juin
1840, était entreprise réellement en 1843, grâce à la
combinaison de M. Bartholoni, moyennant un prêt
de 14 millions consenti par l'État sur les fonds du
Trésor. Aussi, le 2 mai 1843, à l'inauguration de la
ligne d'Orléans, M. Bartholoni avait le droit de dire,
avec un légitime orgueil, dans le remarquable discours qu'il prononça à cette occasion, que, « grâce à
l'établissement des chemins d'Orléans et de Rouen,
ces premiers anneaux de la chaîne qui devait relier
les deux mers, l'esprit d'association allait entrer
résolument dans la carrière féconde des entreprises
d'utilité publique ».

L'avenir devait prouver combien ses calculs étaient justes. Sous son habile impulsion et sous l'action de cet accord avec l'État, la crise financière, qui avait sévi un moment sur les chemins de fer, se dissipa et les capitaux, reprenant confiance, donnèrent de nouveau leur concours à la construction des divers réseaux.

Le 24 juillet 1843, M. Talabot, qui avait déjà créé, de son côté, les chemins de fer du Gard, obtenait avec une subvention de 32 millions de l'État, la concession de la ligne d'Avignon à Marseille, administrée par Arlès Dufour, Enfantin, Fraissinet, Grille, Rey de Foresta et le baron Nathaniel de Rothschild.

Bientôt, la loi du 26 juillet 1844 venait compléter ce réseau qui devait servir à relier l'Océan à la Méditerranée et autorisait l'établissement des sections de Paris à Lyon et de Lyon à Avignon. L'ordonnance du 21 décembre 1845 approuvait définitivement la concession de ces lignes à MM. Laffite, Ganneron et Barillon.

L'ensemble du réseau de la Cie P.-L.-M. était ainsi constitué définitivement. Grâce à M. Talabot, qui l'a dirigé pendant sa carrière si longue et si bien remplie avec une fermeté et une expérience auxquelles on ne saurait trop rendre hommage, il n'a cessé de s'accroître et de se perfectionner au point de constituer le plus vaste et le plus important de nos Chemins français.

Dans cette même année, la création des chemins de fer de Paris à Lille et à la frontière était assurée. La loi du 15 juillet 1845 donnait au gouvernement l'autorisation d'adjuger à une Compagnie le chemin de fer de Paris à la frontière de Belgique, avec embranchement de Lille sur Calais et Dunkerque. L'ordonnance du 10 septembre 1845 approuvait l'adjudication de cette ligne à MM. de Rothschild.

L'État se chargeait de l'infrastructure de la voie, des acquisitions de terrains et livrait la plate-forme du chemin de fer à l'industrie privée. La superstructure, les dépenses de matériel fixe et de matériel roulant restaient au compte des concessionnaires qui avaient l'exploitation de cette ligne pour une durée de quarante ans.

Proudhon commentant la loi de 1842 déclare d'une équité rigoureuse les termes de cet accord :

« A l'État, dit-il, gardien et représentant de la for-
» tune publique, le domaine éminent de la voie nou-
» velle ; à lui les frais d'acquisition des terrains, des
» terrassements et ouvrages d'art ; aux Compagnies,
» la pose des rails, la construction du matériel roulant
» et l'exploitation, tout ce qui exige un travail soutenu,
» des transactions incessantes, une responsabilité de
» tous les instants. (1) »

Plus loin, il reconnaît que « partout en France comme en Europe, le chemin de fer a été traité par l'État comme une industrie hors de sa compétence et que le plus sûr et le plus sage pour lui est de la renvoyer en tout et pour tout à l'intérêt privé. »

Cette concession avantageuse pour l'État et pour la Compagnie du Nord est donc conforme à la théorie admise par Proudhon. Grâce au calme qui s'était rétabli dans les esprits, grâce à la sûreté de leur gestion financière qui ne les a jamais abandonnés dans leurs diverses entreprises et à laquelle le monde des affaires rend un hommage éclatant, MM. de Rothschild ont dirigé la Compagnie du Nord d'une façon si magistrale que ses résultats d'ensemble sont supérieurs à ceux des autres réseaux. Cette compagnie

____

(1) *Œuvres complètes de P. J. Proudhon*, tome XII, p. 238.

n'a jamais recouru au régime de la garantie d'intérêt. Cependant, à la fin de la concession, toutes ses dépenses d'établissement, ses installations, ses bâtiments, même son matériel roulant, seront acquis à l'État.

Par la suite, les nouveaux traités de 1859 et de 1865 et les fusions ou concessions successives ont permis de compléter ces grandes lignes sur lesquelles sont venus se greffer, les uns après les autres, les tronçons qui composent l'ensemble de notre système de chemins de fer.

L'engagement solennel pris par M. Bartholoni et accepté avec lui par les Talabot, les Rothschild, les Péreire, les Laffitte, les d'Eichthal n'était donc pas téméraire; car leurs prévisions furent de tous points réalisées.

En 1830, en effet, le mouvement des voyageurs pour toute la France, d'après les statistiques, aurait été de 2 millions; mais ce chiffre est insuffisant, car nous avons trouvé dans les ouvrages du temps, particulièrement dans la *France pittoresque*, des renseignements plus détaillés. Les diligences de toutes catégories au nombre de 733 transportaient alors, annuellement, 4,703,000 voyageurs, déduction faite des places qui n'avaient pas été occupées dans les voyages multipliés de ces véhicules.

Paris qui comptait alors 786,000 habitants, ne possédait que 240 omnibus à 15 places, dont la recette quotidienne était de 16,800 francs, soit 56,000 voyageurs par jour ou 233 voyageurs et 70 francs de recettes par voiture.

Le mouvement de la circulation par les omnibus peut donc être évalué à 21 millions de voyageurs, en dehors des 2,800 cabriolets et des coucous dans lesquels on s'entassait à certains jours.

Or, que sont ces chiffres, même ceux de 4 millions de voyageurs, pour la France, et de 20 millions de voyageurs dans Paris, en comparaison du nombre des déplacements facilités par les chemins de fer et par les tramways à notre époque ?

En 1878, année de l'Exposition, les gares de Paris, à elles seules, ont produit un mouvement de 49 millions 947 mille voyageurs. La gare de Saint-Lazare, dont les voies de Saint-Germain et de Versailles devaient servir, tout au plus, à remplacer les coucous, au dire de M. Thiers qui n'avait pas assez de sarcasmes contre elles, cette gare a pu assurer un déplacement de 17 millions de voyageurs.

Le chemin de fer de Ceinture a transporté 20 millions de voyageurs ; les tramways 60 millions ; les omnibus 102 millions.

Cette circulation intense dans Paris seulement, ne s'est presque pas ralentie après l'exposition de 1878. Les courants créés en cette circonstance se sont maintenus en 1880, comme le prouve le tableau suivant :

Gares de Paris (1).	1878	1880
Gare Saint-Lazare.	17.660.000ᵛ	17.890.000ᵛ
— du Nord.	8.330.000	5.993.000
— de l'Est	4.667.000	4.849.000
— de Vincennes	6.759.000	6.340.000
— de Lyon.	3.110.000	3.244.000
— d'Orléans	3.900.000	3.800.000
— Montparnasse. . . .	3.359.000	3.193.000
— du Champ de Mars .	2.462.000	Supprimée
	49.947.000ᵛ	45.309.000ᵛ
A reporter. . . .	49.947.000ᵛ	45.309.000

(1) Le mouvement des gares de Berlin n'est que de six millions 343 mille voyageurs.

Celui de ses omnibus n'est que de 40 millions de voyageurs.

| | | Report. . . . . . | 49.947.000ᵛ | 45.309.000ᵛ |

Transports en commun dans Paris	1878		1880	
Omnibus	102.799.000ᵛ		106.258.000ᵛ	
Tramways (Paris).	59.754.000		59.580.000	
Bateaux (Paris)	13.330.000		10.986.000	
Chemin de fer de ceinture (Réseau syndical)	20.616.000	265.647.000ᵛ	18.200.000	267.527.000ᵛ
Tramways (banlieue) . . .	67.718.000		70.338.000	
Bateaux (banl.) Charenton et d'Auteuil à Suresnes .	1.430.000		2.167.000	
Totaux (1).	315.594.000ᵛ		312 838.000ᵛ	

En 1882, les omnibus et les tramways ont subi la progression habituelle en vertu de laquelle leur trafic s'augmente de 15 millions de voyageurs environ chaque année.

Ensemble, ils accusent un nombre de 187 millions de voyageurs qui, ajoutés aux autres éléments de transports en commun dans Paris, donnent un chiffre total de 290 millions de voyageurs, en dehors du mouvement des grandes gares.

Actuellement, le mouvement des voyageurs dans Paris s'élève donc à plus de 336 millions par an.

En ce qui concerne le mouvement des voies ferrées sur tous les points de la France, nous avons atteint en 1881 pour les voyageurs à toute distance, un chiffre de 180 millions et pour les voyageurs à un kilomètre, un total de 6 milliards 333 millions.

---

(1) Les chiffres que nous avons indiqués ici et ceux qui sont portés plus loin ont été pris dans les diverses statistiques publiées par le ministère des Travaux publics, sous la direction de M. Systermans.

Pour assurer une telle circulation, au lieu des 733 diligences en circulation à la fin de 1830 et au lieu du système de roulage usité alors, que de progrès ont modifié l'ancien ordre de choses !

La Compagnie des omnibus de Paris, à elle seule, met en roulement un nombre supérieur de véhicules.

Elle a lancé sur les voies publiques, en 1882, 844 voitures, soit 595 omnibus tant à 40 places et à trois chevaux qu'à 26 places et à deux chevaux et 249 tramways à 50 places. La recette par voiture, qui était de 70 francs en 1830, est actuellement de 155 francs par jour pour les tramways.

Quant à l'effectif des Compagnies de chemins de fer en matériel roulant, il comportait en 1881 210,000 voitures et wagons dont la traction était assurée par 7,000 locomotives.

Si nous passons au transport des marchandises, nous verrons que les chemins de fer en ont particulièrement augmenté le courant, qui est encore supérieur à celui des voyageurs.

En 1860, il parvenait déjà à 2 milliards 288 millions de tonnes kilométriques.

Il ne s'élevait pas à moins de 9 milliards 500 millions de tonnes kilométriques en 1879.

En 1880, il atteint un total de 10 milliards 350 millions. Encore ce chiffre ne comprend-il pas le tonnage des routes qui lui échappe ou qui vient s'approvisionner aux gares de marchandises.

Les transports de cette catégorie spécialement mis en circulation sur les 37,000 kilomètres, composant la longueur du réseau des routes nationales, peuvent être évalués actuellement à 1 milliard 700 millions de tonnes kilométriques représentant un poids moyen utile par collier de 600 kilogrammes.

Ce chiffre réduit de la charge moyenne d'un cheval s'explique par la déduction des voitures particulières et des voitures vides qui viennent diminuer le tonnage moyen par collier.

En 1843, quand l'exploitation des chemins de fer commençait à peine, on estimait à 420 millions de kilomètres les parcours effectués sur les routes par les véhicules de tout genre.

En 1854, après la première période décennale, ces parcours commençaient déjà à progresser. Ils s'élevaient à 428 millions de kilomètres.

En 1881, les véhicules de diverses classes ont parcouru sur les voies ferrées 1 milliard 124 millions de kilomètres en grande vitesse, soit 55,000 kilomètres par voiture; le nombre des kilomètres parcourus par les wagons de marchandises a été de 2 milliards 916 millions, soit 15,881 kilomètres par wagon.

L'ensemble des transports par voie de terre n'a donc pas été réduit, comme on le prédisait, et la création des chemins de fer n'en a pas tari la source. Bien loin de là ! Sur certains points, principalement sur les routes transversales, le voisinage des lignes de chemins de fer a créé une circulation plus grande par voie de terre. Il en a été de même pour les voies navigables. Le tonnage des transports par eau a atteint 2 milliards 400 millions de tonnes kilométriques. Ce mouvement de marchandises sur les voies navigables ou sur les voies ferrées a été alimenté en partie dans les ports français de la Manche, de l'Océan et de la Méditerranée par un tonnage officiel d'importation et d'exportation de 33 millions 700 mille tonnes de jauge.

Comme on le voit, les chiffres des transports actuels de voyageurs et de marchandises sont trop éloquents pour que nous ayons besoin d'insister sur les avantages de toutes sortes dont nous sommes redevables aux chemins de fer et qui font justice par eux-mêmes des objections puériles qu'on avait élevées contre ces derniers.

N'omettons pas une considération propre à corroborer auprès des adversaires mêmes des Compagnies le sentiment d'admiration que nous inspire la profondeur des vues dont M. Bartholoni a fait preuve, en proposant au Gouvernement les termes du pacte qui nous régit encore.

En dehors de cette augmentation considérable dans les échanges et dans les voyages dont le commerce et l'industrie ont bénéficié, des avantages considérables ont été réservés à l'État ; sa part est même supérieure à celle des actionnaires.

Les 2 millions 900,000 actionnaires qui ont apporté leurs capitaux aux chemins de fer et qui ont couru des risques très graves dans les périodes tourmentées dont nous avons donné une idée, n'ont plus obtenu aucun accroissement de dividende depuis 1865, parce que l'État, s'accordant en partage le plus clair des bénéfices, comme l'a fort judicieusement fait ressortir M. Level, a obligé les Compagnies à affecter les excédents de produits au développement exclusif du second réseau.

Les porteurs d'actions touchent même moins qu'en 1865, puisque leur dividende est réduit du montant des nouveaux impôts sur les titres.

Cette part royale que s'est attribuée l'État, ressort de la comparaison qui peut être établie entre les sommes allouées à titre de dividende aux actionnaires et celles que l'État perçoit en échange de ses subventions.

Pour un capital de 1 milliard 461 millions engagé

par les actionnaires, les dividendes servis de 1865 à 1880 s'élèvent à un total de 143,337,500 francs, soit 10,50 0/0 seulement.

L'État, au contraire, pour un capital moindre, qui s'élève, à titre de subvention en travaux ou en argent, à 1 milliard 90 millions, a perçu sous forme d'impôts sur la grande vitesse, contributions, abonnement au timbre des titres, droits de transmission, impôts sur le revenu, timbres des récépissés et lettres de voitures, frais de contrôle, etc., un total de 162 millions, soit près de 15 0/0.

Bien plus, l'État qui trouve déjà dans les chemins de fer un rendement de 15 0/0 et qui a poursuivi, aux frais des actionnaires, la construction du second réseau, va continuer, sans donner aucune subvention, la réalisation du troisième réseau, grâce aux Conventions qu'il vient de passer avec les Compagnies.

De semblables résultats sont profitables au pays et à l'État ; ils montrent combien les Compagnies sont animées du désir de contribuer aux efforts des pouvoirs publics dans l'accomplissement du programme qui a été arrêté par eux.

Les Compagnies, en effet, sont nées de cette entente avec l'État, puisque celui-ci ayant préféré laisser aux capitaux les risques et les pertes de l'entreprise, s'est réservé les avantages possibles de l'affaire. Ce sont donc les événements qui les ont formées. Ayant obtenu du Gouvernement et des Chambres des concessions, elles ont exploité des entreprises industrielles d'une manière si habile qu'elles ont accru la fortune publique et enrichi le Trésor.

Elles ont donné la preuve de leur compétence et de leur force d'action, tant pour les grands travaux nécessités par les voies ferrées que pour l'exploitation des chemins de fer. C'est à leur expérience consommée, à leur longue pratique des affaires, à une vigilance de toutes les minutes dans leur direction technique et financière qu'elles doivent d'avoir pu mener à bien une telle œuvre, sans tâtonnements, sans secousses, d'une main ferme et sûre d'elle-même.

Aussi, voudrions-nous pouvoir démontrer ici la supériorité relative de nos chemins de fer français, et prouver que, non seulement la comparaison de leur exploitation avec celle des chemins de fer étrangers ne leur est pas désavantageuse, mais que, dans bien des cas, de l'aveu même de diverses nations, ils arrivent à produire un ensemble remarquable par leur système administratif bien équilibré et dont le jeu régulier a permis des améliorations constantes, au point de vue de l'exploitation proprement dite, au point de vue des tarifs, et au point de vue de la sécurité du public ; malheureusement cela nous entraînerait trop loin. Citons, cependant, le *Times* lui-même, peu tendre d'habitude à l'égard de la France, et qui, commentant un rapport du *Board of trade*, est obligé d'avouer que, de 1855 à 1880, le prix de la tonne kilométrique s'est abaissé, en France, de 7 centimes 64 à 6 centimes en moyenne, soit 22 0/0 ; tandis qu'en Angleterre, des relèvements constants l'ont porté de 6 centimes 25 à 0ᶠ,08, soit une augmentation de 30 0/0.

Mentionnons également le rapport officiel de la Commission d'enquête parlementaire sur l'exploitation des chemins de fer en Italie. Ce rapport, déposé au parlement italien, à la date du 23 mars 1881, par MM. Bioschi, sénateur, et Genala, député, après avoir établi que les tarifs normaux pour les voyageurs sur les chemins anglais sont supérieurs à tous ceux du continent, fournit, dans les nombreux documents, et dans les annexes qu'il renferme, des attestations probantes en faveur du régime des chemins de fer français.

Ajoutons encore une preuve récente. D'après le nouveau tarif des cartes d'abonnements en vigueur sur les lignes de Prusse, un parcours en 3ᵉ classe sur 49 kilomètres, au lieu de 432 marks, prix ancien, coûte maintenant, pour l'année entière, 260 marks, soit 325 francs.

La Compagnie d'Orléans, pour un abonnement d'une année en 3ᵉ classe et pour un parcours de 54 kilomètres, ne demande aux voyageurs que 312 francs, sur lesquels elle verse à l'État 23 fr. 20 0/0 d'impôt, soit 72 fr. 38 c. Elle ne perçoit donc en réalité que 239 fr. 62 c.

Ces faits, ces témoignages doivent être proclamés bien haut pour venger notre pays des reproches qu'on nous adresse toujours en prétendant que nous sommes inférieurs aux autres nations.

Nous regrettons de ne pouvoir nous étendre sur la question des tarifs, de la vitesse de trains, etc., sans risquer de nous écarter de notre sujet. Mais nous devons dire toutefois que nous n'avons pas à craindre de rivaliser sur ces divers points, même avec l'Amérique où rien n'est fixe, ni réglé en vue des intérêts généraux ; où la régularité est l'exception, où tout, mouvement des trains, tarification, est laissé à l'arbitraire ; si bien que des relèvements subits de taxes pèsent constamment sur le public, quand les Compagnies ont trop de transports.

Ajoutons enfin, qu'en France, nous évitons de tels écueils et bien des erreurs que les étrangers constatent chez eux. Aussi, se plaisent-ils à reconnaître la sûreté d'organisation et la régularité de nos divers services, tant dans leur ensemble que dans leurs détails. En effet, peut-on voir nulle part en Europe une gare si puissante, si bien installée qu'elle soit, assurer, comme celle de Paris-Saint-Lazare, un mouvement de plus de 240,000 voyageurs à certains jours et de *25 millions de voyageurs dans une année*, et cela dans des conditions défavorables d'emplacement et d'installation? De même, sur un autre point des environs de Paris, ne doit-on pas reconnaître la sûreté de l'organisation de la compagnie du Nord, qui fournit sur ses quatre voies un mouvement de 413 trains par jour de semaine et de 459 trains par dimanche?

Sur le chemin de fer de ceinture, la gare d'Aubervilliers, gênée de tous les côtés par les fortifications, par les voies de l'Est, par celles du Nord et par la Compagnie du gaz, parvient cependant, grâce à une organisation exceptionnelle, à recevoir ou à expédier près de 5,000 wagons par jour à certaines périodes de l'année. Son mouvement général est de 1,600,000 wagons par an, en dehors du service des voyageurs et du passage des express du Calais-Marseille et du Calais-Rome, tant que le raccordement de Stains ne sera pas terminé.

Sur les autres points de transit autour de Paris, à Ivry ou à Juvisy, à Noisy-le-Sec, au Bourget, à Achères, etc., les moyennes des expéditions ou des réceptions sont à peu près semblables.

Le mouvement des gares de Bercy et de Villeneuve-Triage réunies, donne même un ensemble de près de 7.000 wagons par jour.

Ces détails méritent d'être répétés. Il faut les opposer à toutes les tentatives de dénigrement contre nos chemins de fer français.

Mais pour ne nous occuper que des constructions faites par les compagnies et des résultats d'ensemble obtenus par elles, il convient de réduire à sa juste valeur un argument que l'on tire souvent contre nous de la prétendue infériorité où nous placerait la longueur kilométrique de nos voies, comparativement à celles des autres États d'Europe.

Nous ne saurions trop redire que l'importance du nombre de kilomètres construits est certainement un élément de comparaison; mais nous devons faire observer qu'il en existe d'autres dont l'importance ne peut pas être passée sous silence.

D'après le relevé publié par la division du Contrôle et de la Statistique du Ministère des Travaux publics, voici quelle était la longueur des chemins de fer dans les différents États européens au 31 décembre 1881.

Allemagne.	34.314 kilomètres.	
Grande-Bretagne . .	29.232	—
France	27.585	— (1).
A reporter. . .	91.131	—

---

(1) D'après une récente statistique publiée par la Direction des chemins de fer au Ministère des Travaux publics pour le 1er trimestre 1883, la France possède 27,000 kilomètres de chemins de fer d'intérêt général, 2,345 kilomètres de chemin de fer d'intérêt local en exploitation, soit près de 30,000 kilomètres. Les conventions imposent aux compagnies la construction et l'exploitation de 10,000 kilomètres nouveaux. Avec ce chiffre de 40,000 kilomètres, nous n'avons donc rien à envier à aucune autre nation. Nous ne devons plus avoir d'autre désir que d'augmenter l'activité de notre commerce et de notre industrie pour fournir des transports à ces lignes nombreuses et pour développer le trafic de notre dernier réseau.

Report. . . 91.131 kilomètres.

Russie	23.352	—
Autriche.	19.126	—
Italie	8.774	—
Espagne.	7.839	—
Suède.	7.431	—
Belgique	4.123	—
Suisse.	2.506	—
Hollande	2.296	—
Danemark.	1.696	—
Roumanie.	1.474	—
Turquie.	1.395	—
Portugal	1.219	—
Grèce.	10	—

TOTAL . . . 172.372 kilomètres.

Nous devons dire, à l'honneur de la Grèce, que ses travaux publics ont reçu une vive impulsion sous la main active de M. Tricoupis, et grâce à l'action française de M. l'ingénieur en chef Rondel.

Les études du chemin de fer d'Athènes à Larissa touchent à leur fin.

Le chemin de fer d'Athènes à Patras est très avancé, et la première section, celle d'Athènes à Éleuthis, sera bientôt en pleine activité. Dans l'Elide, cette province si fertile, le chemin de fer de Catacolon à Pyrgos, nouvellement livré au public, a déjà développé un courant commercial très intense.

En même temps que cette nation va augmenter ainsi le nombre de ses kilomètres de chemins de fer, ses autres grands travaux, comme le percement de l'isthme de Corinthe exécuté par les Ingénieurs français sous la direction du général Türr, et l'amélioration de sa situation financière désormais bien assise vont lui permettre de reprendre le rang que son brillant passé, ses qualités natives, ses efforts actuels doivent lui assurer. Nos sympathies ue lui feront pas défaut, car nous n'oublierons jamais que, pendant nos désastres, la Grèce a envoyé généreusement plus d'un millier de volontaires à notre aide.

La France, d'après la décomposition par État de la longueur kilométrique des chemins de fer du continent, tient donc le troisième rang, parmi les nations d'Europe ; or ce troisième rang que lui assigne la considération numérique, représente-t-il la valeur réelle et la place exacte que doivent lui donner ses chemins de fer ? Nous le nions absolument.

Il est certain, par exemple, qu'un kilomètre de chemin de fer en Russie ou en Turquie n'est pas comparable à un kilomètre de chemin de fer en Angleterre, en Belgique et en France, où le trafic et la densité de la population ont une intensité exceptionnelle. Bien que chacun d'eux ait été construit dans des conditions identiques de premier établissement, le rôle économique qu'ils joueront ne sera jamais égal. La comparaison du nombre de kilomètres des divers États et de nos différents réseaux n'est donc profitable que si on tient compte de la valeur réelle qui appartient en propre à ces kilomètres de voies ferrées.

C'est ainsi que, parmi les Compagnies françaises, le chemin de fer du Nord n'occupe pas la première place par l'estimation stricte du nombre kilométrique. Cependant, son importance, comme valeur et comme produit moyen, l'élève au premier rang. Ses lignes s'épanouissent toutes vers des contrées où l'industrie minière, métallurgique et manufacturière est très active, et le nombre restreint de ses kilomètres se trouve lui constituer un outillage d'une puissance plus grande par son rendement régulier que celui des autres Compagnies. C'est en vain que ces dernières réalisent des recettes de 200,000 francs sur certaines sections. Le trafic fait parfois défaut sur les autres tronçons ; leur répartition commerciale est donc moins bien distribuée, et elles ne peuvent rivaliser avec les lignes du Nord où l'activité est sinon égale, du moins bien partagée entre toutes les sections de ce réseau. De plus, le Nord a su se créer des affluents utiles avec les lignes d'intérêt local qui viennent se souder à ses grandes voies.

Ce que nous constatons ici, au sujet de nos voies ferrées entre elles, s'applique *a fortiori* à la comparaison que l'on veut établir entre nos lignes et celles de l'étranger.

L'idéal, en matière de chemins de fer n'est pas, pensons-nous, d'avoir un plus grand nombre de kilomètres de voies ferrées que le voisin. C'est surtout de posséder des lignes ayant un trafic intense et un bon rendement. Croire que l'argent ne sera jamais mal employé en construisant beaucoup de voies, que plus il y en aura, plus la France sera riche, est une erreur absolue, si ces voies ne peuvent être productives. Est-ce que le luxe d'un outillage inactif ou mal employé constitue la prospérité d'une usine ou d'un établissement industriel ?

Pourquoi, dès lors, chercher à construire chèrement des voies ferrées sur lesquelles l'herbe poussera et auxquelles les contrées traversées n'apporteront qu'un trafic restreint ou insuffisant pour alimenter leur mouvement de .trains ?

Un simple tramway ou un chemin de fer économique suffirait et au delà, dans ce cas.

Un chemin de fer est une entreprise industrielle

qui ne doit pas être tentée quand elle ne peut pas
présenter les éléments de trafic nécessaires pour jus-
tifier l'établissement d'une voie ferrée, et quand elle
n'offre pas les prévisions de recettes indispensables
pour rémunérer les capitaux engagés ou pour apporter un tribut suffisant aux grandes lignes. L'intérêt
général se compose de ces intérêts particuliers qu'il
faut sauvegarder. Un trop grand nombre d'actionnaires ont été déjà ruinés par ces sortes d'entreprises
hâtives, mal étudiées ou mal dirigées. Complétons
notre réseau ferré, soit, mais avec prudence; et toutes
les fois que le type réglementaire pourra être diminué, ne manquons pas de le faire.

Les voies à 300,000 francs par kilomètre ne sont
pas nécessaires partout; il est donc sage de profiter de
l'expérience acquise pour procéder, non pas à la
légère et en un jour, mais méthodiquement, à l'agrandissement de notre réseau.

Ce qu'il faut construire d'abord, ce sont des chemins
de fer économiques qui apporteront, comme de simples
tributaires, leur modeste trafic aux grands réseaux.

Il ne viendrait à l'idée de personne de construire à
grands frais des maisons à cinq étages, en pierres de
taille, dans les landes de la Bretagne ou dans les
parties désertes des monts d'Auvergne, sous le falla-
cieux prétexte que la population viendra se développer
là, plus tard.

Pourquoi vouloir agir d'une manière semblable en
créant partout des lignes destinées à relier des points
où le trafic est actuellement nul et ne se dévelop-
pera que dans de faibles proportions?

Pourquoi vouloir imposer au pays des charges
accablantes et aussi peu en rapport avec les faibles
compensations que l'on pourra en tirer?

C'est ce qu'établit M. Delmas, conseiller général de
la Charente-Inférieure, dans un rapport remarquable
sur le régime des chemins de fer des départements du
Sud-Ouest.

Il voudrait faire pénétrer dans l'esprit du public
cette vérité que « tel tronçon que ce dernier se croit
» fort habile d'avoir obtenu, et qu'il prend pour une
» faveur gratuite, est un leurre ; que ce luxe et cette
» commodité qu'il croit ne lui rien coûter, c'est lui
» qui les paie, et lourdement, en bonnes espèces son-
» nantes, sous forme d'impôts. » Il ajoute, qu'à son
avis une « grande partie des chemins de fer votés sont
inutiles ».

Ces paroles sont en partie l'expression de la vérité.

Une grande nation, il est vrai, doit savoir faire
certains sacrifices. L'intérêt du plus grand nombre, les
droits suprêmes du progrès entraînent certaines
charges. Différentes lignes stratégiques, quelques lignes
d'intérêt général d'une importance réelle s'imposent ;
que leur construction soit assurée, que l'épargne
nationale soit employée à ces travaux d'utilité directe,
rien de mieux ; mais les autres, pour la plupart, les
lignes électorales surtout, peuvent attendre. Quand
elles seront justifiées par la création de nouveaux courants industriels qu'établiront petit à petit les chemins
de fer économiques, il sera temps de leur consacrer
les capitaux qu'elles exigeront. Jusque-là, ces derniers
peuvent être employés plus utilement.

L'importance de la longueur kilométrique de nos
chemins de fer est donc toute relative.

Nous ne venons qu'en troisième rang. Qu'importe,
si nous occupons la première place par la valeur kilométrique de notre réseau, par l'excellence du système
d'exploitation de nos Compagnies, par la fréquence

de nos trains, par la modicité relative de nos prix de transports, voilà ce que nous voulons établir.

Pour cela, la question de l'excellence de notre construction ferrée étant reconnue par tous depuis longtemps et n'étant pas en cause, il faut examiner les résultats qui ont pu être atteints, en France, au point de vue financier et au point de vue des frais que les transports par voie de fer occasionnent à l'industrie.

C'est la conciliation de ces deux intérêts, en apparence hostiles l'un à l'autre, qui fait l'excellence de l'exploitation des Compagnies françaises et qui constitue le principal argument en leur faveur, puisqu'avec des tarifs relativement bas, elles ont gardé, comme nous le démontrerons plus loin, des recettes supérieures à celles des autres contrées, pour le plus grand bien de l'État.

Les divers orateurs qui ont parlé sur la question des conventions à la Chambre, contre le régime d'exploitation par les Compagnies actuelles, ont négligé volontairement ce point important du débat. Ils ont apporté des arguments de passion, mais ils ont omis d'apprécier dans son ensemble l'œuvre énorme que les Compagnies ont accomplie pour le compte de l'État.

Or, la statistique démontre qu'au fur et à mesure que leur réseau s'agrandissait, les Compagnies ont réduit leurs tarifs, tant pour les voyageurs que pour les marchandises.

De 1855 à 1880, elles ont ainsi consenti, de leur propre volonté, des abaissements de taxe équivalant à 234 millions. De telles réductions n'ont pu être faites que d'une main prudente, de façon à diminuer les charges de l'industrie et à maintenir en même temps leur responsabilité financière à l'abri de toute réclamation du fait de leurs actionnaires; mais ces diminutions ont toujours été acquises au public.

Malgré ces abaissements de taxes, malgré les insuffisances des nouveaux réseaux et des petites sections qui absorbent leurs belles recettes de 200,000 francs sur les grandes lignes, malgré les impôts de toutes sortes qui pèsent sur elles, le rendement net des chemins de fer français donne un prix moyen de 20,000 francs par kilomètre.

Ce chiffre définitif et la comparaison des prix d'acheminement de la tonne de marchandises en France et à l'étranger nous assurent encore la supériorité sur les autres États et nous permettent de conclure en faveur du régime des Compagnies françaises.

Variations successives et abaissement définitif du prix de transport de la tonne de marchandises en France.

	Francs.		Francs.
1855	0,0765	1869	0.0617
1856	0,0756	1870	aucune
1857	0,0726	1871	réduction
1858	0,0718	1872	0,0598
1859	0,0721	1873	0,0590
1860	0,0692	1874	0,0597
1861	0,0672	1875	0,0606
1862	0,0673	1876	0,0602
1863	0,0660	1877	0,0597
1864	0,0646	1878	0,0596
1865	0,0640	1879	0,0595
1867	0,0608	1880	0,0594
1868	0,0607		

Au lieu de ce chiffre de fr. 0,0594, le tarif moyen est :

sur les Lignes Hollandaises de . . . . . Fr.	0,0656
—	Suédoises de	0,0673
—	Suisses de	0,10
—	de Cologne-Minden de . . .	0,074
—	Badoises (État) de.	0,073
—	Saxonnes (État) de.	0,068
—	de la Haute-Italie de . . .	0,071
—	Romaines.	0,062
—	Méridionales d'Italie de. . .	0,061
—	Calabraises de.	0,068
—	Autrichiennes (Sudbahn) de.	0,077
—	Autrichiennes (Staatsbahn) de	0,087
—	Bavaroises (État) de	0,069
—	Prussiennes (État) de. . . .	0,068

Le prix de transport de la tonne kilométrique est donc moins élevé en France que dans ces divers États, surtout si l'on considère que ce prix de fr. 0,0594 se trouve réduit, le plus souvent, par les mille combinaisons de nos tarifs spéciaux dont les industriels ne manquent pas d'user, puisqu'ils représentent environ 70 0/0 du tonnage général de chemins de fer français.

C'est ainsi que sur les lignes P.-L.-M., par exemple, les produits métallurgiques sont transportés à fr. 0,037.

Les houilles qui, en Allemagne, sont taxées jusqu'à fr. 0,066 ou sous la condition exclusive d'un chargement de 10,000 kilogr. au prix de fr. 0,035, descendent en France à fr. 0,027 par kil. avec la faculté de ne charger que 5,000 kilogr. seulement, si l'expéditeur le désire.

D'autres tarifs concédés à deux branches intéressantes de notre fortune nationale : l'agriculture et la viticulture, dont l'ensemble des terrains classés par catégories, selon leur mode d'exploitation, a une valeur de près de 92 milliards, ne sont pas moins avantageux.

Si, en vue de donner satisfaction aux intérêts du plus grand nombre, c'est-à-dire des consommateurs et des ouvriers agricoles eux-mêmes qui paient ainsi le blé moins cher, quelques tarifs de pénétration et d'importation, qui constituent une des formes du progrès, soulèvent des récriminations intéressées de la part de certains agriculteurs, combien de tarifs spéciaux confèrent à notre grande culture française de réels privilèges et améliorent ses conditions de transport.

Nous voyons, en effet, que sur les lignes de P.-L.-M., les vins sont transportés à fr. 0,054, les céréales à fr. 0,035.

Les betteraves peuvent être expédiées en France par 5,000 kilog. à raison de fr. 0,032. En Allemagne, leur transport s'élève jusqu'à fr. 0,064 ; de même, le sucre, sous la même condition de tonnage de 5,000 kilogr., paie en Allemagne fr. 0,064, et en France fr. 0,04.

Les envois de pommes de terre coûtent fr. 0,065 en Allemagne, et fr. 0,04 en France.

Les engrais, si nécessaires à l'agriculture, sont taxés en France à raison de fr. 0,021, tandis qu'en Allemagne leur expédition ne se fait qu'à fr. 0,064.

L'Orléans et l'Est, dans le but d'améliorer les terres de certaines régions, comme la Champagne et la Sologne, transportent les phosphates à fr. 0,029.

Il est indéniable que ces différences considérables de frais de transport constituent de réels avantages en faveur de notre industrie agricole et du commerce français.

Ces chiffres montrent que les Compagnies ont toujours su faire de réels sacrifices, quand on leur a adressé un appel patriotique. Elles ont, du reste, donné la mesure de leur dévouement pour le pays en ne négligeant aucun effort en vue de servir les intérêts stratégiques, dans la paix comme dans la guerre. Ne subviennent-elles pas de leurs deniers aux recherches contre l'invasion phylloxérique? N'ont-elles pas concédé aux Chambres des facilités de parcours sur leurs lignes? N'accordent-elles pas des réductions de 50 0/0 aux sociétés savantes, aux sociétés de gymnastique, aux sociétés de bienfaisance, aux instituteurs, aux institutrices et aux intéressés à l'occasion des concours, des expositions, etc. ?

N'ont-elles pas pris une large part à la lutte terrible de 1870 ! N'ont-elles pas mis leur personnel, leurs forges, leurs ateliers, leur expérience à la disposition de la défense nationale ! On oublie trop que quand Paris s'est dressé, tout frémissant, dans un élan magnifique contre l'ennemi, fondant des canons avec la solde de ses officiers, se hérissant de moyens de défense, on les a vues transformer les armes, monter des minoteries, fabriquer des munitions, construire des wagons blindés, prêter le concours le plus efficace et le plus patriotique à la défense du pays. On ne se souvient pas assez des réels prodiges qu'elles ont faits pour assurer les concentrations de troupes ou les envois subits de matériel et d'approvisionnements de toute sorte, pendant cette désastreuse campagne de 1870. On ne songe plus que les généraux qui les ont vues à l'œuvre, Faidherbe, Chanzy, portent un éclatant témoignage des services signalés qu'elles ont rendus à nos armes.

A l'heure actuelle, leur participation active aux plans de mobilisation, aux améliorations du service postal, montrent combien elles sont soucieuses de venir en aide à l'État, dans la limite de leur action.

Dès qu'une invention surgit, ne cherchent-elles pas à l'exploiter, à l'utiliser? Ne se livrent-elles pas constamment à l'étude des perfectionnements capables d'améliorer leur industrie? N'ont-elles pas expérimenté, appliqué le téléphone, les freins continus, les appareils de toute sorte qui ont apporté de si grands progrès aux chemins de fer depuis quelques années? Il est rare qu'elles ne provoquent pas ces essais, comme vient de le faire la Compagnie du Nord qui, sur la proposition de M. Sartiaux et d'accord avec MM. de Rothschild et le Conseil d'administration, a mis généreusement à la disposition de M. Marcel Deprez la ligne de Paris à Creil pour quatre mois, afin de permettre l'étude en grand du transport des forces à distance, par l'électricité.

Les Compagnies contribuent donc largement de toutes les manières à rendre plus prompte la réalisation de l'œuvre scientifique, économique et industrielle de notre époque.

Malgré les charges auxquelles elles ont dû suffire, malgré les réductions de tarifs qu'elles ont pratiquées prudemment mais sûrement de 1856 à 1881 et qui représentent plus de 22 0/0 en faveur de l'industrie, bien que nos prix de transports soient inférieurs à ceux de la plupart des autres États de l'Europe, la moyenne définitive du rendement net de nos lignes, soit 20,000 francs par kilomètre, nous assure encore de ce chef, la prééminence sur nos voisins.

En Allemagne, les chemins de fer de l'État ne rapportent que 13,862 francs par kilomètre; le produit net des autres lignes allemandes s'élève à 15,000 fr. Le prix de transport de la tonne de marchandises, variable, comme nous l'avons vu, est cependant supérieur au nôtre.

En Autriche et en Hongrie, le revenu kilométrique sur les chemins de fer de l'État est de 3,222 francs. Celui des autres Compagnies privées atteint 14,000 fr. par kilomètre. Le prix moyen de transport de la tonne est de 0 fr. 0776.

En Danemark, les chemins de fer de l'État ont un produit kilométrique de 2,672 francs, tandis que celui des Compagnies libres s'élève à 6,704 francs. En Norvège, le revenu par kilomètre est de 1,886 francs pour l'État et de 9,391 francs pour les Compagnies privées. Dans ces États, le prix de la tonne est de 0 fr. 0673. En Suisse, la recette kilométrique nette s'élève à 11,115 francs et cependant le transport moyen d'une tonne de marchandise coûte jusqu'à 0 fr. 10.

En Belgique, la recette kilométrique ne dépasse pas 11,760 fr. Le prix de la tonne est, il est vrai, de 0 fr. 04 ; mais les discussions du Parlement belge laissent voir quelle perturbation l'exploitation par l'État vient d'apporter dans les chemins de fer de la Belgique ; et les impôts, nouveaux nécessaires pour combler le déficit actuel, apprendront à nos voisins combien de pareilles tentatives sont ruineuses.

Dans les Pays-Bas, où le prix de la tonne transportée est de 0 fr. 0656, les résultats kilométriques obtenus sur les chemins de fer néerlandais ont donné, en 1880, pour les lignes confiées à la société d'exploitation, 18,927 fr. 26 c. de recette brute et 5,356 francs de recette nette. Les lignes exploitées par la Compagnie du chemin Hollandais ont rapporté 14,840 francs de recette brute et 1,820 francs de recette nette. Le réseau appartenant en propre à la Société du chemin de fer Hollandais a produit, dans le même exercice, une recette nette de 18,142 francs par kilomètre. Les actions de 1,000 florins de cette Compagnie ont reçu

155 francs de dividende, soit un rapport de 7.32 0/0 (1).

Nos actions des Compagnies françaises sont loin de donner aux porteurs de titres un tel revenu ; pourtant nos recettes sont bien plus élevées, puisqu'elles se montent à 20,000 francs par kilomètre. Les impôts, les charges que l'État fait peser sur les Compagnies françaises peuvent seuls expliquer cette anomalie, d'autant plus significative que la Hollande et les autres États de l'Europe, ainsi que nous venons de l'établir, obtiennent des recettes moindres que les nôtres avec des prix de transports supérieurs à ceux qui sont perçus en France.

La gestion des chemins de fer français est donc supérieure ; si leur rendement n'est pas plus productif pour les actionnaires, c'est, comme nous l'avons expliqué, parce que l'État prélève sur les bénéfices des Compagnies une part de 15 0/0 et construit les nouveaux réseaux aux frais des porteurs d'actions en limitant le rendement de leurs capitaux.

Cependant, tandis que les Compagnies consentaient à l'industrie les notables réductions dont nous avons parlé, l'État, toujours obéré par les guerres ou par des dépenses sans cesse croissantes, frappait au contraire les transports de charges nouvelles.

C'est ainsi que l'impôt sur la grande vitesse ne coûte pas moins de 80 millions aux voyageurs.

Ce nouvel élément de contribution est venu grossir le nombre des armes que le fisc braque constamment sur les contribuables ; car les impôts en France ne cessent de se greffer les uns sur les autres avec une déplorable facilité. Le malheur est qu'ils s'y éternisent.

Ainsi, cette taxe que l'on paie au Trésor sans s'en rendre compte et sans en demander l'origine, se compose

---

(1) Albert Jacqmin, 1882. *Les Chemins de fer des Pays-Bas.*

d'abord de l'impôt du dixième édicté par la loi du 14 juillet 1855 ; puis du décime perçu en sus des droits fiscaux, de par la loi du 6 prairial, an VII ; puis du nouveau décime *provisoire*, et qui est devenu définitif comme toujours, à la suite de la guerre de Crimée.

Enfin, la guerre de 1870 a ajouté un dernier impôt de 10 0/0 aux précédents ; de telle sorte que ces taxes cumulées forment un total de 23 fr. 20 c. 0/0, que le public paie intégralement, en récriminant contre la cherté des chemins de fer en France.

Les Compagnies ne gardent cependant pas pour elles ces 23 fr. 20 c. 0/0. Il serait temps de faire cesser les réclamations incessantes des voyageurs et des Compagnies à ce sujet, et d'abolir cet impôt. Malheureusement, l'ère des dégrèvements est fermée pour quelque temps, car des fautes bien graves ont été commises.

La campagne désastreuse qui a été menée contre les grandes Compagnies, a porté un préjudice considérable à la fortune publique, entamée déjà par le krach qui avait atteint les valeurs de spéculation, et l'expérience tentée avec la constitution d'un réseau de chemins de fer de l'État est venue confirmer les appréhensions que les théories du socialisme gouvernemental avaient fait concevoir. Les Chambres de commerce principalement intéressées à la question des transports, les Chambres syndicales, les Tribunaux de commerce qui ont donné leur avis, ont fait entendre d'une voix unanime leurs réclamations motivées contre le rachat, pendant cette polémique trop longue. Tous ont manifesté leurs préférences marquées en faveur de l'exploitation actuelle de nos réseaux. Et quand les nouvelles conventions ont été sur le point d'établir des préliminaires d'accord entre l'État et les Compagnies, les Chambres de commerce sont intervenues encore dans le débat pour que le différend fût tranché plus vite, tant le malaise général s'aggravait pour toute l'industrie française, tant la crise financière occasionnée par ce conflit déplorable s'augmentait de jour en jour.

M. le Ministre des travaux publics le déclarait dans la séance du 12 juillet 1883, en demandant à la Chambre la mise à l'ordre du jour du projet de loi relatif aux conventions avec les Compagnies de Chemins de fer.

« Pour ma part, disait-il, au milieu des oppositions
» en face desquelles je me débats et que j'avais bien
» entrevues à l'avance, c'est avec satisfaction que j'ai
» enregistré l'adhésion spontanée des quatre premières
» Chambres de commerce de France, au principe des
» conventions, alors que l'on m'a reproché d'avoir
» oublié, dans ces conventions, les intérêts du com-
» merce et de l'industrie. Je répète que les adhésions
» de ces corps considérables me touchent profon-
» dément. Mais l'intérêt direct immédiat de l'État se
» trouve aussi en jeu, et j'aurai bien peu de peine à
» l'établir.

» Si les conventions avec les Compagnies de che-
» mins de fer ont l'adhésion du Parlement, si elles
» sont ratifiées, il n'est pas douteux qu'elles doivent
» servir à relever le marché financier. Voyez ce qui
» se passe pour l'exercice actuel.

» Sur les droits d'enregistrement, il y a un recul
» de 20 millions et de 20 millions 1/2 sur le timbre.
» Quelle en est la cause ? Ce n'est pas seulement
» parce que les transactions ont été moins actives ;
» C'est aussi parce que les droits sont proportionnels
» aux taux des valeurs et que la baisse survenue a

» réduit sensiblement le montant des droits perçus
» au profit du Trésor. Et quand on se rappelle que le
» montant des droits pendant une année s'élève pour
» l'État à 700 millions, il est facile de comprendre le
» déficit qui se produit par là réduction des valeurs,
» rentes ou actions et obligations.

« Le Trésor public se trouve donc aussi vivement
» intéressé à des Conventions qui doivent servir au
» relèvement du marché public. »

Ces paroles sincères de M. Raynal montrent toute
l'étendue des tristes résultats atteints par les adversaires des Compagnies. Nous nous étonnons, pour
notre part, que ces derniers n'aient pas compris
plus tôt qu'en déclarant la guerre aux Compagnies
expérimentées qui ont fondé les chemins de fer, en
s'attaquant à leur œuvre, en voulant réduire leur
action, ils allaient tirer sur eux-mêmes, détruire les
forces vives du pays et ruiner l'État ; et cela, dans le
moment même où des travaux étant engagés prématurément sur tous les points de la France, le Gouvernement n'a jamais eu plus besoin de crédit.

Le mal est fait maintenant. Les 2 millions 965 mille
actions des six grandes Compagnies ont aujourd'hui
une valeur inférieure de plus de 400 millions à celle
qu'elles avaient l'an passé. Les obligations ont subi
une baisse de 25 à 30 francs par titre, représentant
une perte nette de plus de 600 millions.

C'est donc d'un chiffre supérieur à 1 milliard que
la fortune publique a diminué. De plus, la baisse des
obligations a entraîné la baisse des valeurs similaires
et des Rentes de l'État, surtout du 3 0/0 amortissable.

Le crédit du pays tout entier, comme on le voit, a
été atteint par cette regrettable campagne.

Nous sortirons facilement de cette crise ; mais plus que jamais les finances du pays devront être ménagées et, de longtemps encore, il sera impossible de leur demander de nouveaux sacrifices.

L'État, du reste, est le premier intéressé, comme l'a déclaré le Ministre des Travaux publics, à la consolidation de la valeur de ces titres de premier ordre, puisqu'il va participer, jusqu'à concurrence de 66 0/0, dans les bénéfices des Compagnies, le jour où les dividendes seront : pour le Lyon de 75 francs, pour l'Orléans de 72 francs, pour le Nord de 88 fr. 50 c., pour le Midi de 60 francs, pour l'Ouest et pour l'Est de 50 francs. Il doit désirer pour ses budgets que les excédents des Compagnies soient très élevés et que le partage des bénéfices commence rapidement. On peut donc prévoir, dès maintenant, malgré les lourdes charges qui pèsent sur les Compagnies, que les dividendes, dont le minimum limité à 35 fr. 50 c. pour l'Est, 50 francs pour le Midi, 55 francs pour le Lyon, 38 fr. 50 pour l'Ouest, 54 fr. 10 c. pour le Nord, 56 francs pour l'Orléans, est absolument garanti, progresseront d'année en année dans la proportion indiquée par le Ministre des Travaux publics, qui estime qu'en 1890, le Lyon, notamment, atteindra un dividende de 92 francs, et que la part de l'État dans les bénéfices de cette Compagnie seule sera de 27 millions, par suite de l'ouverture des nouvelles lignes et des accroissements que produiront les résultats kilométriques de l'exploitation (1).

Malgré le trouble que ces luttes viennent de jeter dans le public et dans l'industrie et qui sera bientôt

---

(1) Chambre des Députés, session ordinaire de 1883, 89ᵉ séance, vendredi 20 juillet 1883. *Officiel* du 21 juillet 1883, nᵒ 197.

calmé, de cet ensemble de faits il reste acquis au débat que l'organisation de nos chemins de fer est remarquable à tous égards et que nos lignes bien construites et bien exploitées sont entre bonnes mains.

Aussi, les rapports officiels, tout autant que les discours parlementaires des hommes d'État les plus illustres d'Angleterre, de Belgique et d'Allemagne, constatent-ils, tous, les notables avantages produits par les Conventions de 1859 et par notre système administratif.

Au moment où les Conventions vont donner un nouvel essor à la construction et comme suite à l'étude que nous avons faite du viaduc du Val-Saint-Léger, si nous considérons l'importante question des conditions dans lesquelles s'effectuent les travaux d'infrastructure et de superstructure de nos voies ferrées en France, nous nous faisons un devoir d'enregistrer l'important rapport du « *Board of trade* » sur la catastrophe du pont de la Tay, en Angleterre, qui établit que cet accident est dû à trois causes : aux bases insuffisantes de l'ouvrage, à la faiblesse des ancrages de scellement et à la mauvaise attache des contreventements des piles.

Sous l'action du vent qui, de 125 kilog. de pression en moyenne, s'est élevé à 190 kilog., les fers ont travaillé à un coefficient trop élevé et les piles se sont disloquées.

Les piles métalliques se comportent, en effet, comme les arbres battus par le vent. Elles subissent des oscillations, tantôt dans un sens, tantôt dans un autre, et ces mouvements répétés font passer les barres de treillis de l'extension à la compression. De là, des vibrations qu'il faut atténuer par un entretoisement rigide.

Quand à ces causes de désagrégation viennent

s'ajouter des efforts aussi violents que ceux de l'action des vents de tempête, les précautions doivent être d'autant plus rigoureuses.

Or, les conclusions de ce mémoire officiel sont péremptoires. Elles constatent que cet ouvrage a été construit dans des conditions défectueuses.

En France, une faute aussi grave n'aurait pas été commise dans les projets d'abord, dans l'exécution ensuite, et un semblable accident n'aurait pas pu se produire, parce que le système d'organisation administrative d'enquête et d'examen de nos travaux d'art par le Conseil général des Ponts et Chaussées et par le Contrôle, n'aurait pas manqué de permettre le redressement des erreurs qui s'étaient glissées dans les calculs de résistance de cet important ouvrage, erreurs qui ont entraîné la ruine de ce pont. Cette constatation de la supériorité du fonctionnement des services français, surtout en matière aussi grave, aussi intéressante pour la sécurité publique, est des plus flatteuses pour notre corps des Ponts et Chaussées. Nous ne pouvions la passer sous silence.

Nous tenons également à emprunter, ici, la parole d'un des hommes d'État les plus célèbres de la Belgique et qui fait autorité à ce sujet, pour prouver que le système mixte conçu par M. Bartholoni et adopté par l'État, n'a rien à envier aux autres nations. Ces dernières, au contraire, ambitionneraient, à bon droit, pour elles-mêmes les avantages que nous avons tirés de ce régime.

M. Malou, ministre des Finances de Belgique en 1870, l'adversaire de Frère-Orban, déclarait, en 1869 au Parlement belge, que la France est le seul pays du monde qui ait su concilier les deux systèmes absolus de l'omnipotence ou de l'indifférence de l'État, à l'égard des voies ferrées, et que c'est là le secret de sa supériorité en matière de transports sur les autres nations.

« L'industrie des chemins de fer, disait-il, doit être
» prospère pour être utile, pour rendre les services
» que l'on peut attendre d'elle. C'est ce que la France
» a admirablement compris ; c'est ainsi qu'elle a or-
» ganisé son système ; c'est ainsi qu'elle marche,
» comme bonne organisation de cet immense service
» des transports, à la tête de toutes les nations. On
» est arrivé, en France, à placer pour un million de
» francs d'obligations par jour, et cela depuis des
» années. On achève ainsi, chaque jour, une moitié
» de ce grand travail qui s'accomplit, j'allais dire,
» sans que la France soit appauvrie : mais non !
» La France s'est enrichie dans des proportions
» énormes et quand un jour, le réseau ainsi établi,
» sagement exploité, s'augmentant sans cesse et ac-
» croissant la fortune nationale fera retour au domaine
» public, calculez, si vous le pouvez, quelle fortune
» la France aura conquise ; voyez quelle sera la situa-
» tion financière, et calculez quelle sera la situation
» économique, quelle sera la force de ce pays. »

Le calcul que le ministre belge n'établissait pas, nous tenons à l'indiquer ici.

A l'heure actuelle, la valeur de l'ensemble des établissements et des dépendances des voies ferrées devant faire retour au pays, en toute propriété, à la fin des concessions, représente une somme de 13 milliards.

L'Allemagne, qui possède un plus grand nombre de kilomètres de chemins de fer que nous, a construit ses voies avec plus de parcimonie ; du reste, le prix de ses terrains, qui est moins élevé qu'en France, a sensiblement réduit son chiffre de dépense.

La valeur de l'ensemble de son réseau n'est estimée qu'à 9 milliards.

Le domaine de nos chemins de fer français représente donc, pour la nation, comme nous venons de le dire, une fortune énorme de TREIZE MILLIARDS, sans compter l'augmentation de valeur que la construction des nouvelles lignes apportera à cette magnifique réserve pour l'avenir.

Voilà ce qu'ont fait les Compagnies avec les Bartholoni, les Rothschild, les Talabot, les Blount, les d'Eichtal ! voilà quelle a été leur œuvre !

Une légitime reconnaissance leur est donc due; et il est juste de répéter que c'est à la large part d'efforts des Compagnies d'abord et au concours de l'État ensuite que nous devons le rapide accroissement de notre réseau français, construit avec un soin, un esprit de méthode et une solidité qui sont dignes d'être signalés, puisqu'ils se rattachent directement à notre sujet.

Ce vaste ensemble de constructions ferrées apporte, en effet, des preuves nouvelles en faveur de notre cause dans la comparaison que nous avons établie entre les travaux des anciens et les nôtres.

Les chemins de fer avec leurs grands ouvrages ont imprimé un élan exceptionnel à la construction, à la métallurgie, aux transports, aux échanges; et le mouvement d'affaires auquel ils servent de levier a bouleversé la face des choses, en déterminant un énorme accroissement de la fortune publique.

Nous avions donc raison d'opposer leur œuvre et celles de notre génération aux œuvres des anciens.

Ce coup d'œil rétrospectif sur les chemins de fer nous permet, en revenant à l'étude que nous avons entreprise, de conclure en faveur de notre siècle.

Comme nous le disions en commençant, sans vouloir rajeunir cette vieille querelle d'école et sans vouloir disserter plus longtemps sur la comparaison entre les anciens et les modernes, le terrain industriel doit fixer le débat, et le réduire à un point de vue moins spéculatif qu'autrefois.

L'œuvre des chemins de fer, la construction de ces magnifiques travaux d'art que nécessitent les voies ferrées, l'ensemble des avantages qu'offrent ces travaux si vastes, les lois économiques que nous respectons, tout nous rend supérieurs aux anciens.

Les procédés d'exécution seuls nous autoriseraient à briguer le premier rang en pareille matière.

Quand on se représente la somme énorme d'efforts, de travail continu, de matériaux, les longues années que les travaux des anciens exigeaient, comment ne pas être saisi d'étonnement et comment ne pas accorder plus de mérite à la supériorité que nous donnent sur eux la précision, l'économie de forces, la rapidité avec lesquelles s'élèvent, comme par enchantement, nos ouvrages modernes.

Sans doute, nous sommes loin d'être insensible aux travaux prodigieux de l'Inde et de l'Égypte, qui ont eu pour but de donner aux monuments démesurés de ces nations, une forme capable de frapper l'imagination des peuples.

Tous les ouvrages des Égyptiens, en particulier, leurs pyramides, leurs hypogées merveilleux avec leur système de substruction aux parois peintes et de voûtes formant d'interminables labyrinthes, leurs temples, leurs sphinx, affirment cette recherche de l'énorme et du gigantesque. En présence de leur œuvre colossale, de leur civilisation qui persiste tout entière, malgré ses secrets presque impénétrables, on reste confondu de la puissance et de la vitalité d'un tel peuple. On se demande alors quelle force a réuni tant de milliers de bras pour transporter des masses de pierres aussi considérables, si loin de toute carrière et de tout lieu habité.

On comprend que Khéops a dû faire preuve de qualités exceptionnelles pour dominer une telle nation, au point de la contraindre à travailler aux pyramides, cent mille hommes par cent mille hommes qu'on relevait chaque trimestre. Car ces armées de travailleurs ou d'esclaves, ou souvent de vaincus, ont dû extraire des blocs énormes des carrières de la chaîne arabique. Ils ont dû les amener toutes taillées de la Haute-Égypte, les faire descendre sur le Nil, et de là sur l'autre rive, les traîner ensuite jusqu'à la chaîne libyque.

Pour assurer l'acheminement de ces matériaux, il a été nécessaire de solidifier les sables et de construire une chaussée, à la confection de laquelle il a fallu consacrer dix années de travail. Cette opération préliminaire seule est déjà digne de remarque.

Mais il faut non moins admirer le discernement qu'a montré ce peuple pour asseoir les fondations des pyramides de Khéops, des temples d'Edfou ou de Philœ et pour employer le ciment qui lie les assises de ces édifices.

L'usage de ce ciment, semblable à nos mortiers actuels, et qui a donné à l'analyse, après deux mille ans, les proportions ordinaires, est fort judicieusement restreint à garnir les joints très précis des blocs de pierre, sans lui faire jouer un rôle plus important et sans ajouter beaucoup à la cohésion de l'ensemble.

Les Égyptiens ont, avec raison, pressenti les effets funestes que le climat sec et brûlant de leur pays n'aurait pas manqué de produire sur le durcissement et la résistance des mortiers.

La patience, le soin, le savoir avec lesquels de tels travaux, d'aussi longs transports ont été effectués, le labeur persévérant avec lequel les hiéroglyphes ont été ciselés dans ces granits, tout montre bien le caractère fatal et grave de l'Egypte. Aussi, ces mœurs et ce caractère intime se reflètent-ils dans son architecture. La ligne droite, rigide, solennelle, sans autre ornementation que des signes sculptés, indique bien la gravité religieuse de cette race que les géants de pierre, assis majestueusement à la porte de ses temples, devaient impressionner d'une façon indéfinissable.

Cette gravité immuable est son signe propre. Elle s'est incrustée sur tous les vestiges laissés par ces populations silencieuses et recueillies. Elle s'est transmise jusqu'aux générations présentes, et le fellah moderne garde encore sur sa physionomie l'impassibilité de l'esclave des Pharaons.

Certes, les œuvres des Egyptiens nous frappent ! Nous admirons également celles des Assyriens dont l'architecture ne comporte pas les mêmes masses de grès et de granit; mais qui ont employé la brique et l'argile avec des revêtements vernissés ou du marbre. Babylone, sur les bords de l'Euphrate, laisse encore, comme Ninive, deviner les dimensions si vastes de ses palais, reconstitués avec tant de science par Botta et par Layard. Nous nous accordons à reconnaître que ces vestiges prouvent tout le faste et la magnificence de la civilisation Assyrienne.

Quant à la période grecque et à la période romaine, louer les merveilles enfantées par elles nous paraîtrait aussi puéril que de vouloir dénigrer le temps présent.

L'architecture grecque, aussi bien adaptée aux

besoins climatériques auxquels elle devait satisfaire que l'architecture égyptienne à laquelle elle a beaucoup emprunté d'ailleurs, est caractérisée par divers signes.

Comme moyen, elle se distingue par l'absence du mortier. Elle s'inspire sagement ainsi de l'expérience et de l'exemple de l'Egypte. Et les Sarrazins, par la suite, suivront en ce point les traditions de Carthage. Comme conception, elle est remarquable par l'harmonie de ses contours sur lesquels les yeux se reposent sans fatigue, sans être heurtés par une seule ligne discordante, et dont il n'est pas un détail qui n'ajoute à la beauté de l'ensemble. Ses formes admirables reflètent bien le culte que les Grecs professaient pour le beau et en particulier pour la perfection des proportions humaines.

On peut remarquer l'analogie constante qui règne entre la statuaire ou l'architecture indo-égyptienne et grecque.

Cette analogie corrobore, du reste, les découvertes faites d'autre part en linguistique et qui établissent que la langue grecque est non plus une langue mère, mais une langue dérivée de celle des Aryas, et que c'est entre les noms indiens et les noms grecs que la filiation des langues se fait le mieux remarquer.

La transmission de l'influence indo-égyptienne à la Grèce est donc hors de doute.

Ainsi, le temple égyptien de dimensions volontairement démesurées est orné de figures gigantesques. Tout est énorme en lui : architecture et sculpture.

Au temple grec, parfait dans ses proportions, correspond une statuaire qui a pour seul objectif de se rapprocher idéalement de la perfection des formes humaines. Le génie grec s'est assimilé l'idée égyptienne qui avait ébauché grossièrement, agrandi, exagéré l'image de l'homme ; sa main délicate et sûre d'elle-même, a retouché habilement cette reproduction disproportionnée.

Pour cela, il s'est inspiré à une source unique; malgré ses nuances multiples, ses variations et sa diversité, selon les artistes qu'il a suscités, partout on retrouve en lui la même manière de sentir et d'accuser la forme vivante.

Tous ses marbres révèlent sans cesse sa constante préocupation de retracer l'image fidèle et pleine d'harmonie de la beauté humaine, et de la reproduire dans toute sa splendeur, telle que la divine nature la lui montrait.

Ce même culte de la forme peut être observé à chaque instant dans son architecture gracieuse et sévère tout ensemble ; mais c'est par une ornementation sobre qu'il en rehausse la délicatesse et le fini merveilleux ; c'est par une précision et une simplicité de moyens que l'on ne saurait trop admirer, qu'il exécute de tels chefs-d'œuvre. Chacun sait, en effet, que la stabilité des blocs de pierre et des matériaux est basée, dans les monuments grecs, sur l'observation des lois de la pesanteur qui n'agit que verticalement ou très obliquement sur eux.

Cette perfection dans l'ensemble et dans les détails des temples grecs aux lignes droites, comme dans les monuments égyptiens, mais qui, moins austères et de beaucoup plus harmonieux, laissent deviner l'âme délicate et artistique de la Grèce, persiste encore dans l'architecture romaine ; toutefois cette dernière s'alourdit déjà, se fait plus massive.

Pour consolider leurs œuvres, les Romains ne se contentent plus de la pratique judicieuse des lois de la pesanteur. Ils élèvent cependant quelques monuments d'après les traditions grecques, comme les arènes de Nîmes dont les blocs de pierre sont juxtaposés les uns sur les autres, sans être reliés autrement que par leur appareil méthodique et sans le secours d'aucun mortier; mais généralement ils joignent leurs pierres par le ciment, et l'arc et la voûte font leur apparition en expliquant, du reste, l'usage des mortiers. Ce qui peut donc donner une idée du génie des ingénieurs et des architectes latins, en dehors de la question d'art, c'est moins la pureté de leur architecture que l'emploi de certains moyens mécaniques. Il est généralement admis que les Romains se servaient de méthodes perfectionnées pour transporter sur des rouleaux de bois, les roches et les pierres énormes avec lesquels ils élevaient leurs travaux d'art. Ces rouleaux opéraient leur rotation sur un chemin en bois, confectionné avec des lignes de madriers. C'est là l'idée rudimentaire de notre voie ferrée qui repose sur des lignes de traverses. Les Romains, bien que n'en étant encore qu'à ces chemins en bois, avaient donc réalisé déjà un grand progrès.

Outre ces ingénieux moyens d'exécution, il faut louer surtout les merveilleux résultats qu'ils ont obtenus. Leurs aqueducs, leurs ponts, leurs viaducs, construits pendant l'occupation des Gaules, commandent l'admiration.

Les Romains ont donc également fait des choses vraiment grandes; cela ne laisse aucun doute. Mais il faut se rappeler qu'ils ne sont arrivés à ces résultats étonnants que par un labeur extraordinaire, par une prodigalité de forces humaines, par un amoncellement de matériaux tout à fait hors de proportion avec l'effet à obtenir. S'ils étaient habiles mécaniciens et bons architectes, d'autre part, ils avaient si peu l'esprit d'observation, d'analyse et d'économie du travail utile, qu'ils faisaient venir, à grands frais, leurs ciments d'Italie, sans remarquer que les Gaules leur offraient des gisements semblables, des calcaires marneux et argileux presque inépuisables, comme à Vassy, en plein centre de leurs opérations, et que la même qualité de terres et de couches géologiques devait contenir les mêmes richesses.

Il ne faut pas oublier non plus, avec quelle lenteur, même à une époque plus rapprochée de nous, au moyen âge encore, l'édification des cathédrales s'est poursuivie.

Tous ces chefs-d'œuvre gothiques n'ont pu être achevés que par les efforts de plusieurs siècles. Commencés pour la plupart au xie siècle, ils ne furent terminés qu'au xiiie ou au xive siècle, après avoir été abandonnés et modifiés ; car aucune de ces cathédrales n'a été exécutée d'après les plans qui avaient présidé à sa conception.

Les façades des tours ne furent même complétées qu'au xve ou au xvie siècle. Pour mener à bien ces immenses constructions, sans moyens de transport, sans routes, sans matériel, les architectes durent employer tout un ensemble d'opérations préliminaires et tout un système de travaux particuliers autour des chantiers.

Par suite du manque d'outillage convenable et de monte-charge suffisants, le transport à pied d'œuvre des matériaux nécessitait la formation d'une série de plans inclinés, constitués par des levées de terre qui étaient successivement continuées jusqu'à la partie supérieure des bâtiments.

D'après les manuscrits du temps, c'est sur ces plans inclinés que les populations, seigneurs en tête, s'attelaient aux chars et traînaient les pierres de taille jusqu'aux parties élevées des cathédrales en construction.

On procédait ensuite à la suppression de ces véritables travaux d'approche ; ce qui se faisait plus ou moins complètement, de sorte qu'au pied des cathédrales, dans certaines villes, on retrouve encore des traces de ces entassements de terres.

Il a fallu toute l'habileté des maîtres de ces œuvres pour que des résultats aussi grands fussent obtenus avec des moyens aussi primitifs.

Enfin, si les œuvres des Romains et du moyen âge nous font dire que, tout considéré, notre supériorité, comme moyen d'action et comme économie de travail, est incontestable, que penserons-nous en songeant aux monuments de l'Égypte ! La main terrible des Pharaons a courbé sous le fouet meurtrier tant de générations, a immolé tant d'hommes à ces travaux et à ces temples égyptiens que leur œuvre est diminuée par la dureté avec laquelle ils l'ont accomplie.

On nous objectera que, parfois, leurs grands travaux étaient civilisateurs, comme ceux de Moeris qui donna son nom au vaste canal et au lac de 180 lieues de tour chargé de recevoir les eaux du Nil épandues à travers la campagne, et d'en régler, par toute une série de canaux secondaires et d'écluses, le séjour sur les terres, pour les féconder. Même dans ce cas, malgré la hauteur de vues et l'idée grande qui présidaient à leur conception, malgré l'habileté avec lesquels on les ordonnait, c'était toujours par des moyens impitoyables et cruels pour les générations asservies à cette dure tâche que l'exécution de ces travaux était assurée.

Or, à une entreprise aussi remarquable, à ce lac

Moeris, orné de ses deux pyramides portant chacune, sur un trône, les statues colossales, l'une de Moeris, et l'autre de sa femme, ne devons-nous pas opposer l'œuvre de notre vaillant de Lesseps, bien autrement importante et qu'il a achevée d'une manière si brillante et si rapide. Le canal de Suez, reliant la grande mer à la mer Rouge, ne l'emporte-t-il pas sur tous les canaux ouverts par les Egyptiens?

Pour donner une idée de l'importance d'une telle œuvre, il suffit de relater un fait communiqué par M. de Lesseps dans la séance publique annuelle des cinq Académies du 25 octobre 1883, et qui démontre par quels moyens rapides le trafic spécial entre l'Inde et l'Europe a plus que doublé depuis l'ouverture de l'isthme de Suez, c'est-à-dire depuis treize ans.

« Jadis, un navire à voile chargeait le coton dans
» un port de l'Inde, accomplissait un pénible voyage
» d'aller et retour de plus d'une année par la voie
» du Cap; il apportait le coton à Liverpool où les
» manufacturiers de Manchester le recevaient pour
» en fabriquer des cotonnades transportées en partie
» dans les colonies, dans l'Inde surtout. Aussi, depuis
» le moment où le natif de Bombay avait livré son
» coton brut contre paiement et le jour où le négo-
» ciant de Manchester avait tissé et vendu son étoffe,
» une somme importante avait été dépensée en intérêts,
» en commission, en nolis et en assurances.

» Actuellement, par suite de l'ouverture du canal
» de Suez, les marchandises des Indes ne mettent
» plus qu'un mois pour venir en Europe. On a cité le
» fait qu'un filateur d'Angleterre avait pu faire venir
» du coton de Bombay qu'il payait avec une traite à
» trois mois, le faire filer et tisser en Angleterre, ren-

» voyer les étoffes à Bombay et payer sa traite avec le
» prix de la marchandise ouvrée, c'est-à-dire sans
» l'emploi d'un fonds de roulement. »

Un résultat d'une aussi grande importance économique ne peut qu'augmenter l'admiration que nous
fait concevoir la hardiesse de l'œuvre de M. de Lesseps.

C'est pourquoi nous nous rangeons complètement à
l'avis d'un membre de la Société de Géographie,
M. Georges Lavigne, qui a dit de notre grand Français,
à propos du percement de l'isthme de Gabès (1) :

« Si l'ancienne religion égyptienne avait encore des
» prêtres et des adorateurs, M. de Lesseps prendrait
» rang parmi ses dieux, à côté d'Osiris, et dans le
» désert fécondé, la reconnaissance des peuples lui
» élèverait une pyramide. »

Les anciens, en effet, se sont essayés, sans succès
définitif, dans certains travaux de cette nature.

Périandre, Démétrius Poliorcète, Jules César, Cali-
gula, Hérode, Atticus, pensèrent au percement de
l'isthme de Corinthe, et ce travail fut même commencé
du temps de Néron.

Tous passèrent cependant ; et la nature immuable
opposait toujours cet isthme comme une barrière
infranchissable entre la presqu'île du Péloponèse et le
continent.

Le xixᵉ siècle seul devait surmonter un tel obstacle, et la Grèce moderne pourra justement opposer
une aussi belle œuvre aux efforts stériles des anciens.

Elle pourra s'enorgueillir, à bon droit, de ce travail
de géant qui continue, par les plus nobles aspirations
de la science, les traditions de son glorieux passé.

---

(1) *La Mer intérieure,* par A. Hauet, 1883.

Là encore, quoi qu'en disent les détracteurs de notre époque, notre supériorité est éclatante.

En raison de leurs méthodes primitives, de la lenteur ou de l'impuissance avec laquelle ils procédaient, de leur indifférence pour les souffrances humaines, les anciens ne peuvent donc supporter la comparaison avec les modernes.

Pour les Pharaons, comme pour les Romains, comme pour le Moyen Age, la main-d'œuvre et la vie des hommes ne comptaient pas. L'esclavage, le servage ont malheureusement été les principaux leviers dont les siècles écoulés se sont servis pour asseoir les lourdes pierres, pour remuer les blocs énormes des masses architecturales que nous admirons, sans penser qu'esclaves et serfs ont été écrasés par elles ; sans songer qu'à des traces historiques d'une civilisation assez avancée pour créer des types aussi purs, aurait dû correspondre un sentiment plus juste, un respect plus grand de l'existence de l'homme ! Ces sentiments généreux faisaient absolument défaut aux siècles passés ; car ces œuvres qui dévoraient tant d'armées de vaincus, tant d'hommes vigoureux, les élevait-on dans un but humanitaire ou tout au moins pour contribuer à améliorer le sort de ceux qui n'étaient pas opprimés ? Non ! on les édifiait par intérêt de caste ou de dynastie, pour perpétuer la mémoire des rois ou des animaux sacrés, comme en Egypte, quand on bâtissait les Pyramides ; ou pour assurer la conquête, comme dans les Gaules, quand on couvrait tout un territoire d'oppida et de travaux destinés à étouffer toute idée de révolte. On les élevait enfin, à la honte du genre humain, pour livrer en pâture aux jeux du Cirque les hommes et les animaux du monde entier mis en coupe réglée, pour satisfaire une foule avide de sang et impitoyable ; et, dans ce cas, ces arènes immenses qui réunissaient, comme au Colysée, cent mille spectateurs, servaient à des combats où dix mille gladiateurs ou esclaves, cinq mille bêtes féroces et jusqu'à six cents lions à la fois, étaient sacrifiés dans un seul jour aux instincts d'une multitude corrompue et qui avait perdu à jamais l'enthousiasme de la liberté et de la gloire. Pendant quatre siècles, ces arènes épuisèrent le sang de l'univers tout entier. A Rome, en Narbonnaise, en Ibérie, en Asie même, toutes les formes d'agonie, de souffrances furent réunies dans ces arènes ; piétinement des hommes par les éléphants, chasses d'animaux féroces dans des forêts, naumachies où les vainqueurs, pour offrir en spectacle toutes les phases de l'asphyxie étaient noyés après le combat, tous les raffinements de la dépravation, de la cruauté la plus atroce, composaient les plaisirs souverains des citoyens de cette Rome victorieuse et législatrice des nations qui, pendant sept cents ans, avait eu toutes les vertus, toutes les énergies, et qui finissait dans le sang et dans l'orgie.

L'idée qui présidait à ces constructions n'était donc pas généreuse.

Nos grands travaux publics, au contraire, tendent tous à un but de progrès et de civilisation ! Ils ont, tous, pour objet de servir au bien commun des peuples, aux intérêts généraux, à la facilité des communications et des échanges. C'est à notre époque humanitaire qu'il était réservé d'accomplir des desseins si nobles, non plus avec la servitude, avec l'oppression, mais avec le travail libre, méthodiquement distribué et bien employé. Sans doute, nos conditions sociales, les lois de l'offre et de la demande, le chômage, pèsent encore trop lourdement sur les masses ; la concurrence étrangère, les nécessités économiques lient souvent nos ingénieurs et nos constructeurs ; si bien que, malgré Malebranche et sans vouloir renouveler la théorie de Pangloss à Candide, il est bien difficile de dire que tout est pour le mieux dans le meilleur des mondes et que tous les intérêts peuvent se concilier. De plus, l'accident, le terrible accident, dévore sans doute trop souvent le travailleur, malgré les précautions multiples prises contre cette effrayante éventualité ; mais n'est-ce pas là l'une des formes inéluctables sous lesquelles s'affirme, quoi que l'on fasse pour s'en défendre, la puissance de la sinistre faucheuse qui frappe en pleine poitrine l'ouvrier comme le soldat sur leur champ de bataille réciproque ?

Du moins, nous pouvons fièrement déclarer que la vie humaine n'est plus follement prodiguée comme auparavant. Nous pouvons dire que l'effort humain est récompensé par un salaire librement acquis et par la noblesse du but poursuivi ; tandis que les conditions techniques et morales dans lesquelles s'effectuent nos constructions modernes facilitent, autant que possible, l'accomplissement de cette loi qui fait du travail et non de la servitude, la condition principale de l'humanité.

C'est le respect de cette loi du travail si simple et si belle qui marque d'un sceau particulier et qui revêt d'une réelle grandeur, d'une véritable noblesse le plus savant comme le plus humble des travailleurs, quand tous deux s'acquittent, à tous les degrés de l'échelle sociale, avec courage et précision, des devoirs de leur profession ; quand ils relèvent l'honneur ou l'obscurité de leur condition par la généreuse honnêteté de leur vie.

L'antiquité a-t-elle jamais traité d'une façon si élevée ses ouvriers et ses esclaves, c'est-à-dire ceux qui sont légion? A-t-elle jamais condescendu à la moindre déférence à leur égard? Certains esprits élevés, Cicéron dans son « *de Officiis* », accordaient bien quelques droits aux esclaves et recommandaient qu'on eût pour eux de bons traitements, un peu de bonté d'âme, de la commisération ; mais ils n'allaient pas au delà de cette concession ; et la masse des hommes libres ne professaient que du mépris pour ces déshérités.

Quant aux magnifiques principes de la solidarité humaine, de la justice éternelle, du travail libre et digne, notre époque généreuse devait seule bénéficier de ces idées élevées et de cet échange si haut de devoirs et de droits entre les diverses classes de la société humaine. Elle devait aussi en retirer d'immenses avantages et une production d'efforts et de résultats plus considérable ; car, en entourant le travailleur honnête d'un tel respect, elle l'enserre dans le devoir étroit de se montrer constamment soucieux de sa dignité d'homme libre et de l'honneur professionnel ; elle l'oblige à reconnaître à son tour, partout où il la rencontre, toute supériorité intellectuelle ; elle l'amène à s'incliner, non par servilisme, mais par un hommage tout naturel rendu à l'ascendant du mérite devant tous les esprits que leur éducation, leur savoir, leurs connaissances techniques ou leur valeur propre élèvent au-dessus de lui.

Pour arriver à ce but, elle tient le fier langage du devoir aux laborieux. Elle leur dit constamment : courage ; car sans cette condition, il n'y a pas d'homme libre, pas de bon combattant, pas de vertu ; courage pour vaincre la fatigue, même à la fin du dur labeur de la journée ; courage pour apprendre toujours ; courage pour réagir contre l'égoïsme et être serviable aux autres ; courage pour protéger son semblablé ; courage pour défendre la patrie à l'heure du danger ; courage pour souffrir la maladie, les peines, les privations, les angoisses de tout genre sans se lamenter lâchement; courage enfin pour vivre dignement.

Elle développe ainsi, en évoquant constamment l'idée du devoir, les nobles instincts qui parlent en nous tous, même chez les plus humbles, et qui vont à des buts si hauts.

Elle excite par là ces puissants désirs qui nous agitent au plus profond du cœur et nous invitent à des efforts plus grands.

Bien loin de partager le mépris dans lequel l'antiquité tenait l'homme de labeur, elle ne témoigne d'éloignement que pour l'homme oisif, peu soucieux de l'étude ou rebelle à l'effort intellectuel comme au travail productif, et qui reste inutile à lui-même et aux autres. Elle ne conserve son horreur que pour ceux qui se rendent coupables d'actes avilissants, pour les traîtres ou pour ceux, fort rares heureusement, que leur crime de lèse-patriotisme a stigmatisés pour toujours, et qui doivent porter dans leur âme le remords éternel de n'avoir pas craint, dans nos jours de douleur, de chercher leur sécurité dans la fuite, au lieu de tirer noblement leur épée du fourreau et d'opposer leur poitrine à l'ennemi qui envahissait notre territoire.

C'est par ces sentiments généreux qu'elle entretient toutes les énergies. C'est par cette considération justement accordée aux hommes de travail et de bonne volonté qu'elle suscite l'émulation du bien.

C'est ainsi qu'elle fait souvent du plus obscur des travailleurs, du dernier homme d'équipe, du soldat, du marin, un héros capable des plus grands dévouements (1). C'est ainsi qu'elle rend fréquente, palpable et pratique l'application de la responsabilité individuelle, et de la solidarité humaine. Elle nous laisse donc bien loin de l'ancien stoïcisme restreint à quelques philosophes ou à quelques écoles, et par les efforts de tant d'hommes libres, de tant de courageux ouvriers, de tant de citoyens honnêtes, « nous ne parlons pas, bien entendu, de ceux qui ne méritent pas ce nom et qui sont des quantités négatives, » elle ajoute, dans une large mesure, de nouvelles forces sociales à celles dont disposait l'antiquité.

---

(1) Le personnel des chemins de fer donne fréquemment des preuves de la façon dont il comprend le devoir. En voici un récent exemple qui nous est fourni par l'ordre de service suivant, affiché dans tous les dépôts de la Compagnie P.-L.-M.

« Le 1er décembre 1883, le mécanicien Pierre Guy, du dépôt de Lyon-Mouche, conduisait le train express n° 1, lorsqu'en arrivant au kilomètre 500, le train étant en pleine vitesse, la machine heurta et défonça un grand fût d'alcool tombé sur la voie: le liquide fut projeté sur la machine et sur les agents, et prit feu au contact du foyer; les flammes envahirent le tablier de la machine, brûlant grièvement le mécanicien et le chauffeur. Ce dernier tomba sur la voie et mourut le lendemain des suites de ses brûlures.

» Dans cette situation périlleuse, Guy ne perdit pas son sang-froid, bien que ses vêtements imprégnés d'alcool fussent en feu et que ses mains fussent sérieusement brûlées ; il prit toutes les mesures nécessaires pour arrêter son train ; garantissant ses yeux avec une de ses mains, il fit fonctionner de l'autre le frein continu et réussit à saisir et à fermer son régulateur. L'arrêt obtenu et après que ses vêtements, qui brûlaient toujours, eurent été éteints par le conducteur chef, Guy eut encore la présence d'esprit de desserrer ses balances et de capuchonner sa machine, qu'il ne voulut abandonner qu'à Valence.

» Dans cette dernière gare, les voyageurs du train félicitèrent chaudement Guy et firent spontanément, en faveur de ce mécanicien et de son chauffeur, une collecte qui produisit 316 fr. 35;

Toutes ces considérations nous donnent bien réellement la préexcellence sur les anciens et nous pouvons, à juste titre, nous enorgueillir de voir tant d'éléments nouveaux, négligés autrefois, concourir à l'œuvre commune. Nous nous émerveillons, en toute sincérité, de voir nos ouvriers modernes et nos ingénieurs épuiser, creuser, détourner le lit des fleuves, combler les vallées, abaisser ou perforer les montagnes, entasser Pelion sur Ossa, jeter des ponts et des viaducs d'une hardiesse extraordinaire, vivre dans les entrailles de la terre ou descendre et séjourner dans les mers pour en arracher les trésors, percer les ithsmes et partout vaincre la nature.

Nous avons bien le droit, on le voit, d'affirmer que, grâce aux forces multiples que nous avons énumérées, notre siècle aura vu, sous une forme nouvelle et féconde, la pensée et la science décrire, chacune, leur orbe grandiose, et opérer leur conjonction pour frayer la voie des améliorations et des progrès nouveaux aux générations à venir.

Telle est la loi que nous avons reçue des âges précédents. Notre époque, à son tour, aura apporté à l'humanité une part admirable de découvertes, d'applications scientifiques ; les autres n'auront qu'à continuer notre œuvre, comme nous avons complété celle que nous avaient indiquée les anciens.

Les Pythagoriciens, les Péripatéticiens avaient bien

---

mais Guy ne voulut rien recevoir et abandonna la somme tout entière à la veuve de son malheureux compagnon.

» La conduite du mécanicien Guy, dans cette circonstance, a été au-dessus de tout éloge et nous aurions peut-être de plus grands malheurs à déplorer si, malgré ses vives souffrances, il n'avait aussi courageusement fait son devoir. »

eu l'intuition de ces grandes données de la science;
mais ils ne les envisageaient qu'au point de vue spéculatif, comme une partie du système de leurs sciences
cosmologiques. Tout au plus en concevaient-ils l'adap-
tation à la mécanique céleste. Archimède seul avait
vraiment devancé son temps de plusieurs siècles et
avait eu le concept des vastes résultats qui pouvaient
être atteints en mécanique et en physique.

Un des réels mérites de l'époque actuelle sera d'avoir
appliqué la solution de tous les grands problèmes, la
connaissance des admirables lois de la nature, les
grandes inventions, aux besoins et aux aspirations de
notre existence. Elle peut se montrer fière d'avoir
trouvé les bases de la science de la chimie tirée par
Lavoisier des ténèbres où l'avait laissée l'alchimie, et
en ce qui concerne particulièrement notre sujet, parmi
tant d'autres appropriations, d'avoir dicté les formules
de résistance des matériaux.

Ce sont ces dernières qui permettent l'exécution
méthodique et raisonnée de nos grands travaux. C'est
par elles que chaque grain de pierre, chaque poutre
métallique, chaque atome de fer ou d'acier est soumis
à son coefficient de résistance au choc, à l'écrasement,
au déchirement; de façon à permettre, après une telle
analyse, d'apprécier la valeur synthétique de l'ensemble
des ouvrages et de déterminer, en toute certitude,
leur moment fléchissant, leur maximum de réaction
contre les charges et les efforts multipliés qu'ils auront à supporter.

La découverte de la dynamite vulgarisée par les
Nobel, les Barbe ne vaut-elle pas celle de la poudre?
Pourra-t-on jamais estimer assez les services que l'utilisation de son action brisante rend aux travaux publics et aux travaux sous-marins, pour ne rien dire

ici de ceux qu'elle offre pour la défense, en temps de guerre, sur mer et sur terre.

Ce sont là de précieuses améliorations ; mais que dire de celles qui se rattachent à la mécanique, à la vapeur, avec les belles machines Compound, quand on pense qu'à l'heure actuelle les chevaux-vapeur de la Grande-Bretagne seule donnent, d'après le calcul de Reclus, une somme d'activité égale à 1,200 millions d'hommes valides, c'est-à-dire une force collective supérieure à celle des forces humaines répandues sur la surface du globe; car sur les 1,400 millions d'êtres qui composent l'humanité, les trois quarts sont trop faibles, trop jeunes ou trop âgés pour fournir un travail soutenu.

L'admirable invention de Gutenberg n'a-t-elle pas été égalée par la création des merveilles typographiques qu'a produites notre époque et particulièrement par l'œuvre de Marinoni, notre ingénieux constructeur français, qui a doté la presse et l'art de l'imprimerie de la machine la plus puissante que l'on connaisse encore.

Que dire encore de la métallurgie avec son acier Bessemer, ses fontes déphosphorées, ses constructions navales, ses engins de toutes sortes !

Comment passer sous silence la chirurgie, la médecine, l'hygiène, etc., avec les travaux des Claude Bernard, des Dumas, des Pasteur ! Et les grandes applications industrielles ou artistiques variant à l'infini, auxquelles chaque heure apporte un nouveau perfectionnement, et que le laboratoire de nos savants fait renaître plus nombreuses, plus riches, plus importantes les unes que les autres !

L'emploi de la houille, seule, n'a-t-elle pas amené mille progrès ? Outre son action bienfaisante comme éclairage, comme chauffage et comme production de force motrice, ses dérivés qui appartiennent essentiellement à l'ordre minéral auquel on emprunte également un ancien corps simple : l'acide formique, ne remplacent-ils pas maintenant quantité de produits de l'ordre végétal ou animal, comme l'alizarine artificielle qui a supplanté la cochenille et qui a ruiné la culture de la garance, comme cette belle couleur jaune d'aniline extraite avec tant d'autres produits de la houille, et qui a supprimé la teinture par le safran ? Ne fournit-elle pas, en plus, des sels ammoniacaux employés par l'agriculture, du goudron d'où l'on extrait la benzine, l'acide phénique, la naphtaline, l'anthracène et des résidus qui forment encore des asphaltes artificiels et des agglomérés.

Jamais ces utilisations n'ont autant bouleversé les anciennes méthodes et les données industrielles.

Elles tendent toutes à nous procurer plus de bien-être, à enrichir notre commerce. Elles sont cependant dépassées par les merveilles enfantées par l'électricité avec Edison, Graham Bell, Jablochkoff, Swan, Faure, Marcel Deprez, etc.

Nous devons surtout à notre gloire nationale de mentionner qu'après la découverte de Faure, dont les accumulateurs permettent, sinon pratiquement encore, au moins théoriquement, l'emmagasinement de la force dynamo-électrique et son fractionnement en vue du travail à produire, c'est également à un Français, à Marcel Deprez, que nous sommes redevables de la solution d'un important problème : la transmission à distance de l'énergie mécanique et de la force des torrents et chutes d'eau par l'électricité.

Toutes ces belles recherches ont fait avancer d'un grand pas la question que soulève toujours l'utilisation d'un agent aussi précieux. Le téléphone, le photophone,

le phonographe, les accumulateurs, l'éclairage élec-
trique, la transmission des forces à distance ne sont
que des avant-coureurs des surprises que nous réserve
l'avenir ; et l'on peut dire que toutes les espérances
que l'électricité peut faire concevoir de nos jours à
l'imagination la plus ardente seront surpassées.

Sans doute, il y a bien quelques ombres à ce tableau
des conquêtes du xix⁰ siècle ; la routine, le manque
d'organisation compriment souvent l'essor de certaines
découvertes. C'est ainsi qu'à Paris même, l'électricité
utilisée si brillamment dans toutes ses manifestations
paraît sans doute d'un emploi trop merveilleux à
l'administration des Postes et des Télégraphes, puisqu'elle semble s'être appliquée à en diminuer, à en
restreindre, à en atténuer les effets par les complications les plus prodigieuses. Aussi, l'insuffisance des
communications télégraphiques à petite distance a-
t-elle imposé l'usage de la téléphonie, bien que,
comme le reproche l'adage « *Verba volant* », le téléphone présente cet inconvénient de ne laisser aucune
trace des transmissions auxquelles il sert. C'est ainsi
qu'à notre époque, avec tous les progrès réalisés, tous
les perfectionnements apportés dans les moyens que
nous employons pour nous faire une existence plus
rapide, pour faciliter nos relations d'affaires, nous
assistons à ce spectacle inouï de la vitesse instantanée
de l'électricité vaincue par la lenteur indifférente du
piéton. Nous ne pouvons comprendre, pour notre part,
cette singularité qu'en plein xix⁰ siècle, en plein Paris,
la transmission la plus rapide d'une dépêche ne puisse
être assurée par le télégraphe ; et que, soit indifférence,
soit organisation insuffisante, soit concentration et
accumulation de toutes les dépêches d'une capitale
sur un même point, ou pour toute raison aussi fâcheuse

pour le public, il se produise des résultats tels qu'il faut encore, à l'heure actuelle, malgré la fusion des postes et des télégraphes et les perfectionnements apportés à ces services, de cinquante minutes à deux heures pour faire parvenir à destination un télégramme dont la moyenne de transmission ne devrait pas excéder un délai de cinq à quinze minutes.

La valeur intrinsèque de la découverte de l'électricité ne peut être diminuée, en quoi que ce soit, par cette application négative, et nous espérons que Paris et la banlieue seront dotés sous peu des perfectionnements télégraphiques et postaux auxquels ils ont droit.

L'astronomie n'a-t-elle pas fait, de son côté, d'immenses progrès ? Par ses travaux, par ses découvertes, n'a-t-elle pas dépassé les vagues systèmes et les aspirations des anciens ? Ses considérations méthodiques sur les phénomènes célestes, ses déductions scientifiques sur la composition des planètes, ses prédictions mathématiques du retour périodique des astres errants, ne frappent-elles pas de saisissement l'esprit le moins habitué à la contemplation du spectacle magique qu'offrent les mystères du ciel étoilé ?

Les sciences géographiques ne sont-elles pas brillamment représentées par le grand penseur Elisée Reclus ? Suivant pas à pas la marche des peuples, ce philosophe profond n'a-t-il pas démontré que le développement de la géographie a toujours contribué aux progrès de la civilisation ? N'a-t-il pas donné un essor considérable, pour sa part, à cette science si vaste ? Ne l'a-t-il pas enrichie de ses savantes considérations, de ses recherches patientes ? Ne l'a-t-il pas dotée d'un vaste système philosophique, en y rattachant les découvertes faites récemment en géologie, en linguistique, en archéologie, en anthropologie, si bien qu'avec lui la géographie forme la synthèse des sciences qui se rapportent à l'étude des différents règnes de la nature, à la terre, à ses transformations, à ses phénomènes multiples, à l'homme et à l'histoire générale de l'univers?

Enfin, les belles recherches des Garnier, des Nordenskiold, des Brazza, de tous ces valeureux pionniers de la civilisation qui s'en vont, comme des héros antiques, cherchant à reculer les limites de l'univers connu, ralliant au progrès des peuples entiers, poursuivant hardiment leur généreux dessein de frayer de nouveaux passages à nos vaisseaux, n'apporteront-elles donc aucun éclat à notre siècle?

Peut-on nier que la navigation, les voies ferrées, la télégraphie, avec son réseau terrestre et ses câbles sous-marins, ne mettent le monde commercial et politique en relation constante sur tous les points du globe, ne permettent de donner, d'une extrémité de la terre à l'autre, des ordres d'achat, de vente, des informations économiques, des communications sur les affaires publiques et des renseignements de toutes sortes qui ont considérablement modifié nos conditions d'existence?

Le fait signalé par M. de Lesseps pour Manchester et Bombay ne se renouvelle-t-il pas à chaque instant dans toutes les parties du monde. Les marchandises et les voyageurs ne sont-ils pas transportés à travers les continents et à travers les mers avec une rapidité inconnue jusqu'ici par des paquebots dont on augmente chaque jour la vitesse en nœuds, par des chemins de fer qui s'étendent de plus en plus, qui se perfectionnent sans cesse, et qui accélèrent constamment leur marche?

La navigation, pour offrir à notre siècle la part de ces immenses avantages sociaux qui la concerne, n'a-t-elle pas pris possession des mers au nom de la science ? Ses observations précises du mouvement des flots, ses prévisions atmosphériques ne permettent-elles pas à nos marins de pressentir le danger, de fuir le rivage que côtoyaient servilement les anciens navigateurs et de s'élancer vers la pleine mer pour voir surgir avec moins de crainte l'ouragan le plus violent. Les navires, au lieu d'être livrés au caprice des flots, ne semblent-ils pas jouer même avec le cyclone, tournant avec soin autour de lui, s'éloignant des spirales qu'il déroule sur son passage ou s'en rapprochant pour utiliser les vents qu'il déchaîne, s'ils peuvent être employés pour obtenir une marche plus rapide?

Comme le talassidrôme, cet oiseau des tempêtes qui, joyeux du fracas des éléments en courroux, fond comme l'éclair de l'extrémité de l'horizon vers la tourmente, s'abreuve aux vagues qui tantôt se dressent furieuses, tantôt s'écroulent avec des déchirements terribles, et cherche dans les flots troublés et dans le remous énorme de la mer une proie de poissons plus abondante, ainsi le navigateur moderne accourt souvent au-devant de l'ouragan impétueux, de la trombe redoutable et trouve dans le déchaînement des eaux une aide favorable qui accélère son allure.

N'est-ce pas un spectacle admirable que de voir la science du marin asservir de la sorte le cyclone le plus effroyable et convertir en une force utile la force la plus terrible et la plus dévastatrice de la nature?

Cette mer dangereuse, l'homme la dompte-t-il seulement comme navigateur? Ne l'emprisonne-t-il pas et ne lui tient-il pas tête, également comme constructeur? Peut-on méconnaître les travaux considérables effectués à la pointe de Graves, au Verdon, entre la Gironde et l'Océan, par exemple, et sur tant d'autres points ? Tant de fondations en eau profonde dans les ports, tant de levées dignes des Titans opposées à la marche des flots, à l'envahissement des sables, ne prouvent-elles rien ? Toutes ces œuvres ne supportent-elles pas les assauts furieux des vagues ? N'engagent-elles pas une lutte héroïque, incessante contre les mouvements des eaux ? Peut-on nier leur démonstration constante ?

Le génie de l'homme arrive donc à lutter même contre la puissance de la mer, et personne ne pourrait soutenir cette thèse qu'il ne sort pas souvent vainqueur de ce duel acharné.

Notre époque laissera indubitablement une trace brillante ; et la science, cette magnifique expression de la pensée, en aura occupé une large place.

Nous sommes donc fondé à conclure en disant que si les manifestations extérieures de la fiévreuse activité qui nous anime se sont révélées, d'une manière moins heureuse par les créations, par les empreintes architectoniques de notre civilisation, elles se sont affirmées d'une manière notable, par les progrès, par les découvertes récentes dans les sciences, dans les arts et dans l'industrie. La relation que nous signalions en commençant ne s'établit plus entre l'art littéraire et l'architecture, comme les vestiges historiques des âges précédents nous le montrent, mais bien entre l'art littéraire et les sciences dont les éclosions multipliées, les conceptions merveilleuses imprimeront à notre siècle un caractère de grandeur exceptionnel, et dont l'art de la construction aura laissé des traces ineffaçables.

C'est tout cet ensemble, ce sont ces magnifiques

instruments de progrès matériel et intellectuel qui nous autorisent à opposer le siècle des chemins de fer, le règne de la science au siècle de Périclès, au siècle d'Auguste et au siècle de Louis XIV. Ce règne-là réunira, mieux encore que les précédents, les suffrages de la postérité, et son action civilisatrice nous vaudra plus d'une page glorieuse.

On ne saurait donc trop le redire : en dehors de nos œuvres littéraires, les œuvres de l'industrie moderne proportionnées et adaptées à nos besoins de vie rapide, à notre outillage commercial et aux aspirations de notre siècle de fer et de vapeur peuvent dignement supporter la comparaison avec celles que nous ont léguées les anciens ; et c'est surtout à notre civilisation, à sa marche constante en avant, à ses merveilles, que l'on peut appliquer le vers de Lucain en parlant de César : « *Nil actum reputans si quid supcresset agendum* (1) »

---

(1) Réputant pour rien ce qui a été accompli tant qu'il reste quelque chose à faire. (Lucain : *La Pharsale*).

TABLE DES MATIÈRES

IMPRIMERIE CHAIX, RUE BERGÈRE 20, PARIS. — 26629-3.

Pour paraître en Juin 1884

CARTE SPÉCIALE

DES

CHEMINS DE FER DE LA FRANCE

ET DES COLONIES

A l'échelle de $\frac{1}{800,000}$ (un centimètre pour 8 kilomètres)

IMPRIMÉE EN DEUX COULEURS SUR QUATRE FEUILLES GRAND-MONDE

AVEC UN COLORIS SPÉCIAL POUR CHAQUE RÉSEAU

(Largeur totale : 2 m. 15 c. — Hauteur : 1 m. 55.)

Dressée d'après les documents officiels les plus récents, émanés du Ministère des travaux publics et des Compagnies de chemins de fer, cette carte comprend les renseignements suivants :

1° CHEMINS DE FER : — Tracé de toutes les lignes en exploitation, en construction ou classées ;

2° UN COLORIS SPÉCIAL pour chaque réseau indique la division des lignes entre les différentes Compagnies, telle que viennent de la déterminer les conventions votées par les Chambres ;

3° Le nom et l'emplacement de TOUTES LES STATIONS ;

4° EN DEHORS DES VOIES FERRÉES : — Les chefs-lieux des départements, d'arrondissements ou de cantons ; — les autres localités de 1,000 habitants et au-dessus, d'après le recensement de 1882 — les bains de mer, les stations thermales et, en général, toutes les localités desservies par les correspondances des chemins de fer ; — les points principaux des grandes chaînes de montagnes avec l'indication des altitudes ;

5° HYDROGRAPHIE : — Les cours d'eau y sont dénommés en aussi grand nombre que sur la carte de l'État-major au 1/320,000e, avec l'indication des points où commence la navigation fluviale et maritime. Imprimés en bleu, ils se détachent clairement des tracés des chemins de fer ;

6° CARTES SPÉCIALES contenues dans des cartouches :

Environs de Paris, rayon 20 kilom. au 1/120,000e.

Environs de Bordeaux, rayon 6 kilom. au 1/40,000e.

Environs de Marseille, *idem.*
— de Lyon, *idem.*
— de Lille, *idem.*

Corse au 1/800,000e.

Algérie au 1/3,000,000e.

Pondichéry et Karikal au 1/1,000,000e.

Sénégal au 1/6,500,000e.

Ile de la Réunion au 1/600,000e.

7° PAYS LIMITROPHES : — La Belgique et la Suisse tout entières ; — l'Allemagne, jusque et y compris Cassel. Wurzbourg et Stuttgart ; — l'Italie y compris Milan et Gênes. — Pour cette partie étrangère, comme pour la France, la carte indique les lignes de chemins de fer ainsi que TOUTES LES STATIONS.

PRIX DE LA CARTE :

En quatre feuilles détachées, *in-plano*, Non entoilées : **22** fr. — sur toile : **30** fr.
En quatre feuilles pliées dans un étui
(0m,27 sur 0m,26) . . . . — **24** fr. — — **32** fr.
En quatre feuilles assemblées, collées sur toile, avec gorge et rouleau, (2m,15 sur 1m,35) . . . . Non vernies : **34** fr. — Vernies : **36** fr.

Frais de port en plus : dans les départements, 1 fr. 50 ; Algérie, 6 francs ; à l'Étranger, suivant la distance.

PARIS. — IMPRIMERIE CHAIX. — 26631-4.

MINISTÈRE DE LA GUERRE

ÉTAT-MAJOR DE L'ARMÉE. — BUREAU DES ÉCOLES

INSTRUCTION DU 13 JANVIER 1922

POUR L'ADMISSION DANS LES

ÉCOLES DE SOUS-OFFICIERS
ÉLÈVES OFFICIERS

SAINT-MAIXENT, SAUMUR, FONTAINEBLEAU, VERSAILLES

ET

L'ÉCOLE D'ADMINISTRATION MILITAIRE DE VINCENNES

À PARTIR DE 1922

Suivie des Instructions du 25 janvier et du 22 février 1922 sur la Préparation des Candidats des troupes métropolitaines et des troupes coloniales.

Rectifiée et mise à jour à la date du 15 juin 1925.

CHARLES-LAVAUZELLE & Cⁱᵉ

Éditeurs militaires

PARIS, Boulevard Saint-Germain, 124

LIMOGES, 62, Avenue Baudin | 53, Rue Stanislas, NANCY

LE CANDIDAT OFFICIER

Volumes nécessaires aux Sous-Officiers candidats aux Écoles d'Élèves Officiers

LITTÉRATURE ET GRAMMAIRE

Cours élémentaire de langue française. Vocabulaire, morphologie, syntaxe, composition française. In-18 de 154 pages...................... 4 »

Capitaine PIFFRE. — Cours d'histoire de la littérature française, suivi d'un appendice sur les littératures étrangères. (2⁰ édition, revue et augmentée.) In-8° de 210 pages............................... 6 »

L'achat de cet ouvrage par les corps de troupe a été autorisé par décision ministérielle du 7 juillet 1911.

Les grands écrivains français, des origines à nos jours, histoire littéraire et textes, par Ch.-M. DES GRANGES, professeur agrégé des lettres au lycée Charlemagne, docteur ès lettres. Un volume in-16 cartonné................... 12 50

A. VANNIER, professeur de lettres et de langues vivantes, ancien élève de l'Ecole normale spéciale. — La clarté française. — L'art de composer, d'écrire et de corriger (6⁰ édition). 370 pages............................ 6 90

LAROUSSE. — Petit Larousse illustré, nouveau dictionnaire encyclopédique publié sous la direction de CLAUDE AUGÉ. 6.200 gravures, 220 planches et tableaux, 140 cartes. Edition 1925. Volume de 1.760 pages.............. 22 »

LAROUSSE. — Memento Larousse encyclopédique et illustré. 900 gravures, 82 cartes, dont 50 en couleurs, 90 tableaux. Edition 1925. Vol. de 728 p. 17 50

HISTOIRE

ROGER GÉRÉ, ancien correcteur d'histoire et de géographie à l'Ecole militaire spéciale de Saint-Cyr. — Histoire, cours à l'usage des candidats aux écoles militaires. In-18 de 410 pages............................ 10 »

Lieutenant-colonel CH. ROMAGNY, ancien professeur de tactique et d'histoire à l'Ecole de Saint-Maixent. — Campagnes d'un siècle. 22 vol. à 1 fr. 15 l'un :

Campagnes de :		Campagnes de :		Campagnes de :	
1792-1795.... 1 v. 4 cartes.		1809......... 1 v. 3 cartes.		Crimée..... 1 v. 3 cartes	
1796-1797.... 1 — 5 —		1812......... 1 — 5 —		1859......... 1 — 1 —	
1800........ 1 — 4 —		1813......... 1 — 4 —		1866......... 1 — 4 —	
1805........ 1 — 2 —		1814......... 1 — 1 —		1877-1878.... 1 — 3 —	
1806........ 1 — 3 —		1815......... 1 — 2 —		Algérie..... 1 — 1 —	

Tunisie, Soudan, Sénégal, Dahomey, Congo, 1 vol., 4 cartes; Indo-Chine et Madagascar, 1 vol., 4 cartes; Guerres secondaires du règne de Napoléon III, 1 vol., 3 cartes; Guerre de 1870-1871, 4 vol., 30 cartes.

Lieutenant-colonel EMILE SIMOND. — Histoire de la troisième République :

De 1887 à 1894. In-8° de 476 pages, broché.......................... 5 25

De 1894 à 1896. In-8° de 356 pages, broché.......................... 7 50

De 1897 à 1899. In-8° de 445 pages, broché.......................... 10 »

De 1899 à 1906. In-8° de 592 pages, broché.......................... 12 »

Commandant P.-LOUIS RIVIÈRE. — Ce que nul n'a le droit d'ignorer de la guerre 1914-1918. Vol. grand in-8° de 60 pages, broché.................... 2 50

Ouvrage recommandé aux candidats aux écoles de sous-officiers. (B. O. n° 10, 6 mars 1912, page 539).

GÉOGRAPHIE. — ATLAS

KAEPPELIN, agrégé d'histoire et de géographie, docteur ès lettres, et **TEISSIER.** — Géographie de la France et des colonies. Malgré son titre, ce livre comprend le monde entier. 332 p., avec nombreuses gravures et cartes. 13 »

KAEPPELIN, agrégé d'histoire et de géographie, docteur ès lettres. — Atlas de géographie. Cours moyen. Certificat d'études. La France et les colonies, les cinq parties du monde...................................... 5 65

Petit atlas du Musée de l'armée pour suivre les modifications territoriales du traité de paix (1919). Brochure in-4°, comprenant 20 cartes............. 2 »

Envoi franco pour toute commande faite par chèque postal (88-49 Paris)